KB126172

십대를 위한 십대들의 여행 공부

꿈은 교실 밖에서 자란다

십대를 위한 십대들의 여행 공부

꿈은 교실 밖에서 자란다

초판 1쇄 인쇄 | 2019년 02월 07일
초판 1쇄 발행 | 2018년 02월 14일

지은이 | 심규석
펴낸이 | 이진호

편집 | 권지연
디자인 | 트리니티
마케팅 및 경영지원 | 이진호

펴낸곳 | 비비투(VIVI2)
주소 | 서울시 충무로 3가 59-9 예림빌딩 402호
전화 | 대표 (02)517-2045
팩스 | (02)517-5125(주문)
이메일 | atfeel@hanmail.net
홈페이지 | www.vivi2.net
출판등록 | 2006년 7월 8일

ISBN 979-11-89303-13-6 (13590)

이 도서의 국립중앙도서관 출판예정도서목록(CIP)은
서지정보유통지원시스템 홈페이지(http://seoji.nl.go.kr)와
국가자료공동목록시스템(http://www.nl.go.kr/kolisnet)에서 이용하실 수 있습니다.
(CIP제어번호: CIP2019003503)

※ VIVI2(비비투)는 샘솟는기쁨의 임프린트입니다.
※ 책값은 뒤표지에 있습니다.
※ 잘못 만들어진 책은 바꿔 드립니다.

VIVI2

여행과 교육을 함께, 다음세대에게

세상은 몇 배속 빠르게 변화하고 있다. 100세시대이고 직업은 세 번쯤 바뀌고, 색깔이 변하는 자동차, 돌돌 말리는 TV, 노인의 배변 도우미나 말동무 로봇도 등장했다. 미래형 인재의 자격요건을 창의력과 확장된 사고력에 우선순위를 두는 이유이다. 하지만 교육은 4차 산업혁명시대를 대비하여 혁신하지 못하고 입시교육으로 회귀하는 것이 현주소이다. 이런 실정 속 미래의 주역인 아이들은 어떻게 성장해야 하는가?

아이들은 낯선 경험, 새로운 순간에 가장 크게 오감이 자극된다. 이는 곧 틀 안의 사고에서 벗어나는 순간을 의미한다. 자연을 보고 만지고 듣는다거나 잘 훈련된 사이클이 아닌 전혀 학습되지 않은 상황에 부딪힐 때 흔히 '다른 생각'을 하고 창의력이 확장된다.

저자는 교육여행가로서 미래 교육의 대안으로 '여행과 교육'을 함께 읽을 수 있도록 집필하였다. 자녀교육서이자 십대들의 여행 이야기이다. 체험 순간을 기록하기도 했다. 일상의 틀에서 벗어난 아이들에게 전인적 인성을 위해 동기부여를 하는 현장이다. 또래 공동체 의식, 두려움과 짜릿함을 통해 개인의 재능을 발견하고 '다른 생각'을 할 기회을 얻는다.

타자의 시선으로 성장해가는 인생의 터닝포인트에 있는 아이들을 공감하면서 어른의 생각의 틀도 깨뜨려지기를 기대한다. 미래를 살아갈 아이들이 새로운 기회를 맞이하는 신비한 순간. 그 빛나는 찰나를 부모와 아이, 혹은 선생님과 제자가 함께 느끼길 바라며 적극 추천한다.

전덕수 교육학박사, 노벨사이언스 대표이사

경험의 가치, 십대를 풍요롭게!

미지의 세계, 새로움에 대한 갈망은 본능일까? 초고속인터넷으로 웹사이트를 서핑하고 스마트폰에서 눈을 떼지 못하고, 끊임없이 탐색하는 것도 '채워지지 않은 무엇'이 있기 때문이다.

4차 산업혁명으로 대변되는 미래사회의 가치 중 하나는 '경험'이다. 독서하고, 영화를 보면서 새 세상을 경험하더라도, 오감으로 느껴지는 직접 경험은 부족할 수밖에 없다. 인지공학과 뇌공학 등이 아무리 발전해도 온전히 내 것으로 느끼지지 않는다.

저자는 '채울 수 없는 그 무엇'을 이 책에 담았다. 새로운 환경에서 도전을 통해 자기 자신을 발견하고, 편견과 닫힌 마음을 해소하며, 문화적 경험을 통해 인지적 유연성이 길러지는 다양한 실례를 보여준다. 또한, 집-학교-학원을 오가며 주입식 · 암기식 공부에 지친 학생들이 스스로 결정하고 행동하는 순간에 갈등을 헤쳐 나가는 값진 경험도 담았다. 그뿐만 아니라 다년간 국내 · 해외 배낭여행을 인솔한 경험으로 여행의 알찬 팁을 제시한다.

내 아이들도 저자와 함께 국내 · 해외를 여행하였다. 그 경험을 소중하게 여기며, 현재의 삶을 풍요롭게 하는 지혜로 활용하고 있다. 방학이 되면 스스로 계획하여 가고 싶은 곳으로 훨훨 떠나 소중한 경험을 한 보따리 담아오곤 한다.

김용순 교사, 세종과학예술영재학교

여행은 보석 같은 인생 공부

거친 세상에서 성인이 된 제자를 볼 때마다, '인생'이라는 기복이 심한 산 앞의 제자들에게 과연 그 산을 행복하게 넘을 수 있는 역량을 키워주었는가?'라고 자문한다. 세상에서 살아가려면 배울 것이 참 많지만, 학교 울타리 안에서 놓친 부분을 보게 된다.

나를 포함한 사회구성원은 대개 '세상에 대해 두려움'을 가지고 있고, 그 정도에 따라 각기 다른 삶을 살아간다. 어려서부터 다양한 환경에 대한 호기심과 도전 정신, 넘어지고 실패한 경험의 지혜는 학교 안의 어떤 교육으로도 대체할 수 없는 귀한 공부이다.

그러나 부모는 '세상 공부'를 위해 자녀에게 지불할 중요한 것이 있다. 이는 '불안한 마음'이다. 더구나 십대들만의 국내여행 또는 해외여행은 모험이자 도전일 것이다. 이 고민을 함께 소통하며 아이들의 드넓은 세상 공부를 위해 안전하게 돕고 이끄는 교육자가 이 시대에 꼭 필요하다. 무조건 다양한 현장에 있다고 해서 인생 공부를 하는 것은 아니다.

이 책 『꿈은 교실 밖에서 자란다』는 다양한 체험을 하며 인생 공부로 연결되는 '준비 과정'과 '실행 과정 및 사후 과정'까지 교육적으로 꼼꼼하게 제시하고 있다. 먼저, 이 책을 통해 초등학생 자녀를 둔 나부터 인생 공부를 바르게 지도하는 학부모가 되고, 그 다음에 나의 초등학교 제자들과 학부모님들에게 '교실 밖의 여행과 체험학습'이 귀한 보석 같은 인생 공부가 됨을 알려주고 싶다.

강기원 교사, 서울 신강초등학교

자라나는 청소년에게 추천합니다

초등학교 2학년 딸아이의 손을 잡고 부석사 무량수전을 돌아보며 선생님의 설명을 듣던 때가 그립습니다. 시간이 흘러도 잊혀지지 않고 새록새록 기억이 나서, 다시 타인에게 설명하기도 했습니다. 참 뜻을 기리는 역사기행이 우리 삶에 소소한 행복이라고 생각합니다.

당시 초등학교 2학년 아이는 어느덧 대학생이 되었습니다. 그때의 경험이 계기가 되어 우리 가족은 우리나라는 물론 세계 곳곳의 문화유산과 유적지를 돌아보게 되었고, 지난 시대의 역사를 살펴보면서 문화를 유추하는 과정을 통해 과거와 현재, 미래와의 대화를 할 수 있었습니다.

아이가 어렸을 때부터 이곳저곳을 답사하며 얻은 지식과 정보는 아이의 성장기에 따라 재구성되어 긍정적으로 나타나는 것을 보았습니다. 아이들 눈높이에 맞춘 경험과 체험이 얼마나 십대에게 효과적인지 알 수 있었습니다.

저자의 교육적 가치관으로 꼼꼼하게 준비된 십대들의 여행이 더욱 더 단단하고 다양하게, 체계적으로 발전하고 있는 프로그램들을 보면서 더욱 감사하게 됩니다. 자라나는 청소년들에게 힘을 주시는 선생님께 찬사를 보내며 이 책을 통해 더 많은 학부모과 나눌 수 있기를 바라며 기쁘게 추천합니다.

김경미 강민지 엄마, 선린대학교 사회복지과 외래교수, 에스테스힐링심리상담센터 센터장

교실 밖에서 자라는 위대한 꿈

이 책은 다음세대 청소년에게 보내는 나의 외침이다. 10여 년 동안 수많은 아이들을 만나고 함께 여행하면서 그들의 변화에서 얻은 결과물이기도 하다.

먼저 내 아이들에게 학교 교육 이외에 할 수 있는 것이 무엇일까를 고민하면서 '여행'을 키워드로 삼았다. 공부만 잘한다고 해서 미래의 인재가 될까, 세상에서 필요한 사람이 될까? 그럴 리 없지 않겠는가. 여행교육가로서 여행을 통해 아이들에게 체험학습을 제공하면서 함께 더불어 활동하는 교육의 가치가 얼마나 소중한지 전해주고 싶었다. 나는 이 고민에 대한 해답을 '십대 여행'에서 찾았다.

여행을 통해 십대들은 다양한 경험을 하면서 직업과 진로에 대해 더 가까이 다가갔다고 생각한다. 책에서 읽었던 직업인들을 만나기도 하고, 전혀 알지 못했던 생소한 직업 현장을 목격하기도 한다. 그래서 일방적이고 정보에 불과한 직업에 대한 탐색이 아니라 다양한 정보를 가지고 자신에게 적절한 직업을 꿈꿀 수 있다. 또한 십대들이 여행을 통해 얻는 게 있다면, 그것은 바로 다양한 환경에 대해 도전하게 한다는 것이다.

〈SBS스페셜〉에서 대기업 신입사원의 경우, 1년 이내에 퇴사하는 비율이 27%라고 방영한 적이 있었다. 모든 취업 준비생들의 로망이라고 할 수 있는 대기업에 입사해도 1년도 못 버티고 퇴사하는 신입사원이 1/4이라는 보도는 충격적이었다. 〈시사저널〉은 서울대를 입학하고도 자퇴하는 학생들이 늘어난다고 보도했고, 우리나라 대학교 휴학률이 30%나 된다고도 했다.

좋은 대학에 진학하여 좋은 직장의 이상적인 직업을 꿈꾸면서 초등학교와 중고등학교에서 공부를 했지만 현실에서는 전혀 다른 상황에 맞닥뜨리게 된다. 어른들에 의해 아이들은 학교나 집, 그리고 학원을 오가며 십대를 보낸다. 자연스럽게 다양한 상황에 노출되는 경우가 적을 수밖에 없다. 으레 경험하는 실수나 미숙함에 노출될

확률이 적어지면서 문제해결능력이나 위기대처능력에 취약해지고 있다.

십대 아이들이 예기치 못한 순간에 놓이고, 어쩔 수 없이 문제 해결을 해야 하는 경험은 여행에서 가능하다. 이같이 경험은 또래와 함께하는 십대만의 배낭여행에서 누릴 수 있다. 상상과 모험이 있는 즐거움, 체험과 학습이 함께하는 유익한 현장이다.

여행지에서 새롭고 신선한 도전을 통해 작은 일에도 쉽게 포기하지 않고, 혼란스러운 환경에 놓일지라도 침착하게 돌파구를 찾아가는 인내와 끈기를 배우기도 한다.

이 책의 출간은 나와 함께 여행한 십대에게 멋진 도전이 될 것이다. 이 책을 쓰면서 그동안 함께한 수많은 아이들이 생각났다. 초등학생, 중학생, 고등학생, 대학생인 그들에게 이 도전을 계속 하라고 하고 싶다.

여행 프로그램을 시작할 때 만난 아이들은 어느덧 대학 졸업반이 되었고, 이제는 내가 친구 같다고 한다. 그때나 지금이나 나를 믿고 국내는 물론 해외로 십대 아이들을 맡기신 부모님 한 분 한 분을 떠올리면 눈물 나게 고맙다.

늘 바쁘게 살아가는 나를 위해 동역자로 힘이 되는 아내 정선희와 나의 기쁨인 한결, 은결, 혜결이에게 미안하고 감사하다.

이 책이 나오기까지 도와주신 선율아카데미 오평선 대표님, 김이율 작가님 그리고 더 좋은 책이 되도록 조언과 피드백을 해주신 출판사 강영란 대표님, 유익한 여행프로그램을 만들기 위해 함께 애쓰는 아이체험여행 식구들 모두모두 감사하다.

끝으로 어릴 때 가난함을 주셔서 자립심을 키워주신 부모님, 온갖 힘든 여정 속에서도 함께 하셔서 더 크게 키워주신 하나님께 감사를 드린다.

저자 심규식

차 례

PART 4 한국사 속으로 배낭여행

PART 5 독서 여행은 나의 성장 엔진

별책부록 나 홀로 배낭여행 가이드

프롤로그

가치를 발견하라

우리가 살고 있는 영역에는 두 가지가 있다. 하나는 몸이 담고 있는 신체적 영역이고, 또 하나는 각 사람의 생각을 지배하는 정신적 영역이다. 몸은 일정한 지역에서 살아가더라도 생각을 담은 정신 영역은 좀 더 간편하게 지식과 경험, 정보를 공유하게 되면서 갈수록 넓어지고 다양해지고 있다.

경주의 작은 시골 마을에서 성장기를 보낸 나는 초등학교 수학여행에서 처음 부산을 가보았고, 전라도 지역은 중학교 수학여행을 통해서 갈 수 있었다. 고등학교 시기에는 시골 소읍에서 벗어나 경주에서 지내면서 나의 사고 범위는 소읍보다 큰 도시 경주만큼 넓어졌다.

대학을 다닐 때는 연합 동아리 활동을 하면서 여러 대학의 친구들과 교류할 수 있었다. 다양한 지역 출신의 대학 친구를 만나면서 어느덧 나의 사고 범위는 대한민국의 크기만큼 늘어난 것만 같았다.

지금은 지방에서 주로 살아가지만 활동 영역은 한 곳에 머물러 있지 않다. 국내 활동은 물론 해외의 여러 지역에 이르기까지 다양하다. 서울의 경복궁과 광화문, 서울 옛 도성의 중심거리를 비롯하여 부산, 강릉, 통영, 일제강점기의 흔적이 많이 남아 있는 군산, 일본 오사카 도톤보리나 교토의 청수사 골목, 북경의 왕부정 거리, 이탈리아 피렌체, 파리 몽마르트 뒷골목까지 어느덧 눈을 감고도 찾아갈 만큼 골목 하나하나 거리 곳곳이 매우 익숙하다.

비전을 발견하다

대학시절부터 내가 즐기는 것 중에 하나는 트렌드와 정보를 공유하는 전시나 박람회를 찾아다니면서 미래를 진단하고 예측하는 일이었다. 전시 현장의 공통 주제에서 국내 환경을 무엇이 어떻게 주도해 나갈지를 살펴볼 수 있었다.

그에 따른 문화욕구는 책읽기를 더욱 좋아하게 되었고, 자연히 교보문고나 영풍문고 같은 대형서점에서 베스트셀러 집계 현황이나 신간의 주요 키워드에 주목했다. 대학을 졸업한 이후에도 서울과 대구를 오가면서 종종 들른 곳은 강남의 코엑스 전시장이었다. 어떤 전시가 이루어지는지 둘러보는 일은 여전히 흥미로웠다.

지난 에피소드 중에 이런 일이 있었다. 군대를 제대한 후 서울 대학로와 홍대 근방에서 다양한 문화 차이를 목격하고, 여기저기 등장하는 PC방에 관심을 가진 적이 있었다. 형님에게 창업자금을 요청하자, 갓 제대한 내게 세상물정을 몰라서 그런다면서 거절했다. 그러나 불과 한 해가 지나지 않아 PC방 사업은 전국적으로 성황리에 운영되고 있었다.

내가 십대 여행을 시작한 무렵인 10년 전에는 커피전문점 프렌차이즈에 주목했다. 브랜드마다 마케팅 전략을 구사하면서 커피가 기호식품으로 자리잡을 즈음이었고, 한동안 화제였던 '카페베네'도 없었고, '이디야'도 그다지 보이지 않았던 때였다.

이미 커피전문점은 단순히 사람을 만나는 약속 장소이거나 커피를 마시는 공간이 아니었다. 오늘날처럼 다양한 욕구에 의해 이용하는 문화 공간으로서의 이동이 시작되었던 것이다. 이러한 변화를 진단하면서 새로운 사업 아이템으로 포항의 친구에게 제공했고, 그 예측은 적중했다.

이렇게 그 시간의 변화를 예측하고 진단할 수 있었던 것은 대학의 전공이 동기부여가 되기도 했다. 대학 전공이 '고고미술사'라고 하면 연구 분야로 바라보지만 내 경우에는 여행과 역사를 함께 다룬다는 점에서는 같은 방향이라고 해도 과언이 아닐 것이다.

지금까지 15년 동안 십대를 위한 여행을 꾸준히 이어갈 수 있었던 것도 같은 이유일 것이다. 여행을 좋아했고 여행의 가치를 충분히 발견했기 때문이다. 무엇보다 여행을 좋아하는 노마드 정신, 지속적인 관찰에서 얻은 지혜였다고 믿고 있다. 뿐만 아니라 여행 중 우연히 주어지는 특혜이기도 하다.

교육의 모티브를 찾다

십대를 위한 여행이 시작하게 된 단초이지 않을까 싶은 이야기이다. 아이들을 가르치면서 틈틈이 여행을 즐겼는데, 충남 부여의 정림사지에 들렀을 때였다. 10여 명의 학생들과 선생님 한 분이 조를 이뤄 활동하고 있었는데, 아이들을 좋아하는 나는 그 모습을 유심히 관심 있게 지켜보았다.

선생님이 아이들 여럿을 이끌면서 정림사지 석탑에 대해 수업 시간 못지않은 분위기에서 진지하게 설명하고, 아이들은 선생님의 가르침을 듣고 질문하면서 필기하는 모습이 인상적이었다. 당시 아이들에게 사회 과목을 가르치면서 뭔가 아쉽다는 생각이 많았는데, 여행과 학습을 연계하고 싶은 나로서는 아주 딱 맞는 아이디어를 제공한 셈이었다.

그 후 좀 더 적극적으로 내가 생각하는 여행 프로그램을 운영기관을 모니터링하게 되었고, 수도권 중심으로 몇몇 전문기관이 있었으나 그 외의 지역에서 십대를 위한 여행이 전문적으로 이루어지는 기관은 보이지 않았다. 이때 여행교육자의 길이 내 길이라고 확신하게 되었다.

십대를 위한 여행은 처음에 국내나 해외 모두 버스를 이용하는 설정이었는데, 학부모들의 해외여행 요청이 부쩍 늘어나면서 적극적으로 해외여행 콘셉트로 전환하게 되었고, 그렇게 준비된 프로그램은 북경 이후 중국과 일본, 차츰 유럽에 이르기까지 다양한 여행지를 통해 아이들에게 적절하게 운영되고 있었다. 그런데 우연찮게 프로그램을 변화하게 된 계기가 주어졌다.

유럽여행을 시작한 지 2년째 되던 해였다. 당시 프랑스 파리를 거쳐 스위스에 머물게 되었는데, 대구가 고향이라는 스위스의 가이드는 마침 고등학교 2학생인 딸과 함께 마중을 나왔다. 그 친구는 초등학교 4학년 때부터 스위스에서 살게 되었다는데, 우리 아이들이 동네 슈퍼에 갈 때도 통역을 해주었고, 아이들도 스스럼없이 잘 따랐다. 그 시간에 그 친구가 있어서 무척 즐겁고 행복할 수 있었다.

아이들이 스위스 여행을 인상 깊게 추억하는 것도 순전히 그 친구 덕분이었다. 원래의 여행 일정과 상관없이 이루어진 그 친구와의 동네 투어가 가장 좋았다는 아이들, 나는 뜻밖에 아이들의 반응에 신선한 충격을 느꼈다.

그 다음해 스위스 배낭여행을 가게 되면서 다시 그 친구를 떠올렸고, 스위스 가이드에게 이메일을 보냈다. 딸에게 우리 아이들과 함께 지내면서 동네 투어를 부탁하기 위해서였다.

"선생님, 따님이 우리 아이들이 함께 지낼 수 있을런지요?"

그런데 그 친구는 스위스에 없었다. 학교 친구들과 함께 프랑스, 포르투갈, 스페인으로 한 달 간 배낭여행을 떠났다고 한다. 한국이라면 고3일 텐데, 배낭여행을 떠났다는 것이다. 게다가 어른 한 명 없이 십대들끼리 여행을 갔다는 사실이 너무 놀라웠다. 현지 사람들의 말로는 스위스의 십대에게 배낭여행은 그렇게 대수롭지 않다고 하였다. 그 친구는 스위스 최고의 대학을 갈 만큼 학교에서도 우등생이기도 했다.

나는 우리나라 십대를 떠올리면서 안타까운 생각이 들었다. 고등학교 시절을 아예 다른 도전은 생각할 수도 없이 입시전쟁에 내몰린 우리 아이들에게 배낭여행은 꿈 같은 일일 것이다. 막막한 현실이었다. 설령 학교나 부모님이 허락한다고 해도 아이들 스스로 배낭여행은 상상하기 어려울 것이다.

그 순간 나는 무릎을 쳤다. 어떻게 하면 아이들에게 도전과 개척정신을 일깨울까를 고민하고 연구했는데 이보다 좋은 방법이 없었다. 아이들을 위한 최고의 자극은 바로 배낭여행에 함께하는 일이었다. 스위스 가이드 딸의 여행 소식을 전해 들으면서 국내는 물론 일본, 캄보디아, 대만에 이르기까지 배낭여행을 적극적으로 기획하게 되었다.

길 위에서 셀프 학습

요즘은 옛사람들처럼 아이가 태어난 곳에서 죽을 때까지 살아가기를 바라는 부모는 없을 것이다. 모든 부모의 바람처럼 아이들이 좀 더 넓은 세상에서 행복한 미래를 꿈꾸기를 기대한다. 다양한 문화를 접하면서 도전하는 삶을 살아가기를 바란다. 그래서 부모님은 아이와 함께 여행하면서 아이에게 더 좋은 것을 체험하게 하려고 부단히 노력한다.

몸과 마음은 함께 성장하기 마련이다. 성장기 아이일수록 체험에서 오는 그 흡수력은 빠르다. 정신적 영역이 넓고 깊어질수록 폭넓게 사고하고 학습하고 체험하고자 하는 범위가 넓어질 수밖에 없다. 결국 미래를 예측하는 힘도 같이 성장하게 되는 것이다.

몸과 마음, 생각을 확장하는 최적의 방법은 여행이다. 그래서 여행은 좋은 스승이기도 하다. 학교에서 선생님에게 배운 지식을 바탕으로 몸으로 체험하면서 더욱 확장된 사고력을 갖게 하는 통로가 여행인 것이다.

여행의 가치를 두 가지로 정리할 수 있겠다. 나는 가능하면 여러 곳을 다니고자 노력했다. 많이 다니고 많이 보게 될 때 안목이 넓혀진다. 또한 여행지마다 호기심 있게 바라보고자 하였다.

호기심은 좋은 것과 훌륭한 것만 보려고 하기 보다 새로운 것과 특별한 것에 더 관심을 갖게 한다. 그러한 경험을 위해 많은 도전을 했다. 어디든지 새로운 음식을 맛보고, 여행지뿐만 아니라 인근의 골목이나 거리의 풍경에 주목하려고 했다. 새로운 전시 박람회도 놓치지 않았다. 특히 아이들 중심의 트렌디한 전시가 이루어지는 곳이라면 더욱 관찰하면서 여행에 접목하고자 했다.

나는 여행을 하면서 몸과 마음, 생각이 쉬어가는 시간을 가질 수 있었다. 목표를 향해 걷다가 무언가 막막할 때 여행을 추천한다. 익숙하고 편리한 곳보다 조금 불편한 곳, 그리고 누구에게나 잘 알려진 곳보다 잘 모르는 곳이 좋겠다. 여행은 미처 생각하지 못한 발상을 하게 하고 뜻밖의 기회를 만들기도 한다.

새로운 기회는 첫 발걸음을 내디딜 때 얻어진다. 새로운 여행지의 낯설음과 시행착오, 예기치 못한 상황은 오감을 자극하고, 크고 작은 위기에서 대처 능력을 갖게 한다. 새로운 인식은 꿈과 미래를 위해 도전하는 성장 엔진이 되고, 진로를 결정하는 지름길을 제공하기도 했다.

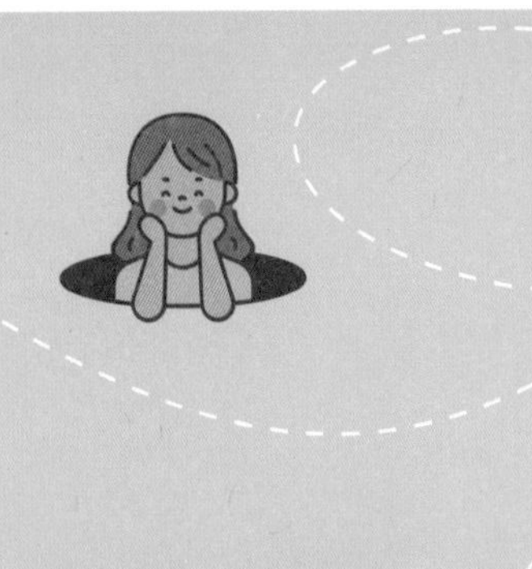

PART 1

조금 불편하면 어때서?

자기 안에 잠자고 있는 창의성을 깨우려면
불편한 일, 해보지 않은 일, 잘 못하는 일,
위험을 감수해야 하는 일에 뛰어들어야 해요.
편한 게 늘 좋은 건 아니랍니다.
편안함 안에서는 세상을 보는
다른 관점을 얻을 수가 없어요.

안 에르보

불편해서 풍요롭다

"불편한 여행이 삶을 더 풍요롭게 한다."

엔진 없이 바람 등의 자연 에너지의 힘만으로 요트 한 척을 움직여 여행한 여행가 김승진 씨(53세)의 말이다. 그는 우리나라에서 출발하여 7개월 동안 세계일주를 한 모험가이기도 했다. 나 또한 그의 말처럼 '불편한 여행'을 추천한다. 특히 다음세대의 십대들에게 더욱 필요하다고 생각한다.

"선생님, KTX로 가면 안 될까요? 생고생일 것 같아요."

경주에서 출발하여 서울로 무박 2일 여행을 다녀올 때였다. 중학생인 아이들과 함께 새벽 0시에 출발하는 밤기차를 타려고 경주역에서 만났는데, KTX로 가면 2시간에 도착할 것을 6시간의 기차 여행을 하냐는 거다.

영남 지역에서 기차로 서울에 도착하려면 대부분 서울역으로 가야 하지만, 우리는 청량리 행 기차를 선택했다. 역시나 아이들도 서울역은 종종 가지만 청량리역은 처음이라고 했다.

밤의 기차여행이 주는 낭만도 느끼게 하고, 서울 한복판이 아닌 청량리의 북적북적한 아침 풍경을 만나게 하고 싶었다. 아침 일찍 도착해서 국밥 한 그릇을 먹어보는 것도 중학교 1학년생에게는 쉽게 해볼 수 있는 경험은 아니었다. 이러한 청량리역 또한 서울의 또 다른 모습이기도 할 것이다.

십대에게는 편한 여행보다 조금 불편한 여행이 좋다고 자주 이야기 한다. 십대에게 불편한 여행을 추천하는 데에는 이유가 있다. 몇몇 사례를 가지고 그 이유를 얘기해 보려 한다.

첫째, 불편한 여행은 새롭고 예상치 못한 환경을 만날 수 있게 한다. 그래서 그러한 환경을 극복해 나가면서 스스로 무언가 해낼 수 있는 힘을 기르게 한다.

청량리역 근처에서 이른 아침을 먹고 각 조별로 대학교 캠퍼스에서 멘토를 만나러 가기로 했다. 아이들을 모두 보내고 20분 정도 지났을까, 성균관대학교에 간 조원 중 한 명이 전화를 한 것이다. 네 명이 한 조인데 낙오되어 혜화역에서 내렸다고 한다. 그날은 대학 수능시험이 끝나고 모든 대학에서 논술 면접이 있던 날이어서 평소보다 더 교통이 혼잡한 상황이었다. 다행히 그 학생은 전체 조가 모두 모이는 약속 시간에는 늦었지만 프로그램을 진행하는 데 무리 없게 도착하였다.

배낭여행을 하다보면 예기치 못한 변수가 생긴다. 돈을 잃어버리거나 기차표를 잃어버리거나 심지어 차 출발 시간보다 늦게 도착해서 차를 놓치는 일도 발생한다. 특히 아이들에게는 이런 일은 비일비재하다. 이러한 문제를 해결하기 위해 돈을 빌리고 다시 표를 구입해야 해서 계획적인 지출의 혼선이 오기도 한다. 이때 아이들 자신이 처한 상황을 스스로 극복하도록 안내하는 것이 필요하다.

둘째, 다양한 사람들을 많이 만난다. 서울의 대학교를 탐방하기 위해 프로그램에 참여한 학생들은 점심을 먹으려고 들어간 국수집 사장님과 이런저런 얘기를 나눈다. 지방에서 서울의 대학교를 탐방하려고 왔다는 말에 여러 조언을 듣고, 서울 시내 지리도 친절하게 알려주는 시민들 덕분에 어렵지 않게 찾아가기도 했다.

부모님과 함께 다니는 국내여행이나 해외 패키지여행에서는 만나는 사람이 극히 제한적이다. 그렇지만 배낭여행을 하다 보면 마을 얘기를 들려주는 할머니를 만나기도 하고, 친절을 베풀어주는 일본 현지인, 그리고 음식이 맛있고 저렴한데 친절하기까지 한 시장 아주머니를 만날 수 있다. 길을 모르거나 식당을 찾을 때 누군가에게는 물어봐야 해서 사람들을 사귀는 방법도 배울 수 있다.

셋째, 그 지역의 다양하고 정확한 정보를 익히고 배울 수 있다. 서울의 대학교를 탐방했던 학생들의 경우도, 경주에서 무궁화호를 타고 청량리역에 도착, 다시 지하철로 이동하면서 서울의 지하철 노선을 몸으로 익혔다.

해외여행을 가면 요즘 아이들은 맛집 검색, 핫플레이스, 쇼핑 명소 등 본인에게 필요한 정보를 스스로 찾는 경우도 일반적이다. 누구에 의해서가 아니라 아이들 스스로 자기 주도적인 여행을 할 수 있다.

넷째, 십대끼리 함께 다닌다면 배려, 이해, 협동, 어울림과 같은 덕목을 몸으로 배울 수 있다.

최근 경주-서울 여행은 포항, 경주, 영천, 대구의 여러 학교에서 모인 그야말로 서로 낯설고 서먹했다. 함께하는 친구들이 누군지 모르고, 취향이며 행동 양식도 각기 달랐다. 그러나 여행을 하는 동안 서로 도와서 길을 찾아야 하고, 함께 식당을 찾아가면서 서로 교제하면서 배려하고 즐겁게 지낼 수 있었다. 서로 다르지만 여행을 통해 동질감을 느낀다.

십대 때는 혼자 다니는 여행보다 여럿이 다니길 추천한다. 그러다 보면 상대방의 장점을 보면서 나 자신을 돌아보게 된다. 요즘처럼 스마트폰으로 혼자서 많은 시간을 보내는 세대들에게는 여럿이 함께 어울리는 일이 필요하다.

지금 이 시대는 그 어느 때보다 변화가 빠르고 늘 새로운 환경이 우리 앞에 펼쳐진다. 다음세대를 이끌어갈 우리 아이들은 이러한 세상에서 당당하게 맞설 수 있는 용기와 도전이 필요하다.

처음 중1 아이들과 안동 배낭여행을 갔을 때였다.

"네? 저희끼리 가라고요? 선생님 없이요?"

아이들에게 목적지를 알려주고 조별로 대중교통을 이용해서 찾아오라고 하자 당황하는 빛이 역력했다. 그랬던 그 아이들이 이번 서울 배낭여행에서 다시 모였는데, 훨씬 유연하게 활동하고 있었다. 서울 배낭여행까지 무사히 마치고 돌아가면서 그들은 이제 '일본 지하철도 자신이 있다'고 말할 만큼 자신감이 생겼다. 불편한 여행은 그렇게 또 다른 도전을 가능하게 한다.

나도 충분히
할 수 있어요!

10년 전, 십대를 위한 여행을 처음 시작할 때만 해도 맞벌이 부모님은 아이와 함께 보내는 시간을 따로 마련하기 어려웠고, 시간이 있다고 해도 학생은 공부해야지 여행을 해도 된다고 생각하는 부모님은 그리 많지 않았다.

주 5일 수업제가 전면 실시된 2012년부터 주말이면 자녀와 함께 캠핑을 가거나 여행을 떠나면서 가족이 함께 시간을 보내는 일이 늘었다. 가족여행이 늘어난다는 것은 그동안 가족끼리 대화가 부족했던 우리 사회에 좋은 영향을 주고 있는 것은 사실이다.

맞벌이 부모가 많고 학교와 학원에서 많은 시간을 보내는 자녀가 있는 가정은 가족끼리 얼굴을 마주할 시간이 많지 않다. 특히 자녀가 청소년기에는 부모님도 경제 활동이 왕성할 시기이고, 자녀 역시 학업에 집중할 시기여서 가족 간의 대화는 물론 여행의 기회도 주어지기 어렵다.

그래서 가족여행은 바쁜 일상에서 꼭 필요한 이벤트 같은 것이다. 여행을 통해 그동안 소홀했던 가족도 돌아보고 대화를 하면서 유대감도 더 굳건하게 다질 수 있다.

국내여행뿐만 아니라 해외여행 문화가 발달한 지금 스마트폰 애플리케이션을 이용해 여행전문가만큼 갖가지 정보를 가지고 세심하게 준비해서 가족여행을 하기도 하고, 가족 단위의 캠핑이 늘어나면서 가정마다 적절한 장비를 구비해 주말이면 캠핑을 가기도 한다. 그러나 이러한 여행 문화에서 크고 작은 문제가 드러나기도 했다.

지난 봄에 대전-전주 배낭여행을 떠났다. 참가자 중 중2 학생 어머니가 자신도 참여해도 되는지 문의하셨다. 프로그램은 좋은데, 아이가 혼자 안 가겠다고 한다면서 엄마가 가야 가겠다는 것이다.

"선생님! 혼자 보내고 싶은데, 한사코 엄마와 함께 가겠다고 해요. 어쩌죠?"

또 다른 사례인데, 이 가족은 해외여행을 자주 다니는 편이었다. 비교적 가까운 나라는 온 가족이 함께 여행하지만, 비용과 시간의 부담이 큰 유럽여행은 내가 운영하는 프로그램에 아이만 보내기로 했다는 것이다.

하지만 부모님의 의중과는 달리 아이는 부모의 동행이 없으면 가지 않겠다고 했다. 부모님의 오랜 설득에도 불구하고 아들은 결국 가지 않았다.

이뿐이 아니라 당일 여행에도 부모님이 함께 해야 참가하겠다는 아이도 꽤 많았다. 심지어 고등학생임에도 보호자 없이 가까운 도시에 보낸 적이 없다면서 아이만 보낸다는 것이 마냥 걱정된다는 부모님도 더러 있었다.

십대 해외 배낭여행의 경우에는 전국에서 다양한 아이들이 참여하고, 참가자가 어떤 성향이며 어떤 형편인지 알지 못한다. 때로는 부모 허락 없이 친구들끼리 참여하기도 했고, 혼자서 참여하는 아이도 있었다.

오사카 배낭여행 때의 일이다. 1일차 여행을 잘 마치며 숙소 배정을 하고 난 뒤에 남은 시간을 각자 숙소에서 보내기로 했는데, 혼자 참여한 남학생이 한참이 지나도록 로비에 앉아 있었다.

"잘 모르는 아이와 같은 방을 쓴다는 게 너무 불편해요."

나는 서둘러 업무를 마치고 나서 그 친구와 이야기를 했다. 기어코 혼자 잠을 자겠다는 것이다. 이 프로그램에 참여하기 전에 미리 양해를 구한 상황도 아니고, 그렇다고 누구나 낯선 친구들과 함께 숙소를 사용하는데, 개인적으로 불편하다고 해서 단체 활동의 기준을 바꿀 수도 없었다. 나는 이 친구에게 불편함도 감내하는 것이 여행이라고 긴 시간 이해시키고 설득한 후 에 숙소로 올려 보낼 수 있었다.

미래의 주역인 십대들이 새로운 환경을 통해
다양한 도전을 하면서 스스로 발견한 가치,
그들만의 체험이 필요하다.
십대 또래들끼리의 여행, 조금은 불편한 여행을 경험하자.

나이가 들어도 부모에게서 독립하지 않고 부모와 함께 생활하는 청년인 이른바 '캥거루족' 비율이 유럽연합(EU)에서 계속 증가하고 있는 것으로 나타났다. …25일 EU 통계기구인 유로스타트(Eurostat)에 따르면 작년 기준으로 16~29세 가운데 부모 의존도 비율이 68.2%라고 조사됐다. _연합뉴스 2018년 12월 25일

"중학교 2학년인데 혼자 보내도 될까요?"

부모님의 상담이 있을 때마다 이러한 질문이 많다. 전화 문의조차 필요를 느끼지 않을 만큼 자녀 혼자 어디든지 보내지 않으려는 부모도 많다. 최근 세계 각국에서 일어나는 지진이나 테러 등의 불안 요소가 부모의 염려를 더욱 부추기기도 한다. 한편 내 아이를 믿고 맡길 만한 공신력 있는 기관이 많지 않다는 부모님의 마음도 이해한다.

그러나 성장기에 독립심을 기르지 못하면 어른이 되어 독립적으로 생각하고 행동하기는 더 어렵다. 언젠가 부모는 자녀를 떠나보내야 한다. 한없이 책임지며 살아갈 수는 없지 않은가.

미래의 주역인 십대들이 새로운 환경을 통해 다양한 도전을 하면서 스스로 발견한 가치, 그들만의 체험이 필요하다. 십대들끼리의 여행, 조금은 불편한 여행을 경험하자.

배움터가 있는 여행

초등학교 저학년의 경우 부모가 참여하거나 부모의 관심 안에서 여행 프로그램이 이루어진다. 그러나 초등학교 고학년이 되면서 부모의 참여가 차츰 줄어들고 아이만 참여하는 경우가 많다. 부모님은 아이의 동의를 얻어 아이만 보내게 된다. 십대만의 여행은 좀 더 도전적이고 자기 주도적이라는 점이 가족 여행과는 차이가 있다.

다음의 사례를 통해 여행의 학습 효과를 나누고자 한다.

지리와 역사를 함께

"공주 또는 부여에 백제 유적지가 많던데, 충청도가 백제의 중심지였지요?"

"영주의 길거리에서 사과를 많이 팔던데, 영주는 사과로 유명하죠?"

"일본의 도시마다 우리나라와 비슷한 점이 있었어요. 교토는 절이나 박물관이 특히 많아서 마치 경주 같고, 도쿄는 지하철이 발달하고 화려해서 서울 같기도 했어요."

지리 과목은 초등학교 고학년이 되면 영어와 수학만큼 어려워하는 학생이 있다. 어떤 학생은 수학보다 더 어렵고, 어떤 학생은 아무리 외워도 안 외워진다고 한다. 한편 지리나 역사를 좋아하는 친구는 수업시간에 집중만 해도 성적이 우수하다.

학습 효과는 내용을 어떻게 받아들이느냐에 달려 있다. 특히 지리와 역사는 그 지역에 대해 얼마만큼 관심과 흥미가 있는지가 중요하다. 여행이나 독서를 통해 그 지역을 이해하고 있었다면 그 지역 문화에 관심이 있다는 것을 의미한다. 하지만 상대적으로 관심이 없다면 학습 효과가 떨어질 수밖에 없다.

역사 학습의 기본은 지리이다. 고구려 영토가 어디 있는지를 알아야 고구려를 이해하고, 서희가 거란족을 물리치기 위해 쌓았다는 강동 6주의 위치가 어디인지는 알고 있다면 이해하기 쉽다. 결국 지리적 배경을 잘 알면 역사의 흐름을 이해하는데 도움이 된다.

한국사보다 더 광범위한 세계사 학습 역시 메소포타미아가 어디인지 알아야 하고, 십자군 전쟁의 원인이 된 예루살렘의 위치를 알아야 당시 셀주크투르크의 공격이나 동로마제국의 황제가 교황에게 도움을 요청한 사실 등의 역사의 배경을 이해한다.

초등학교 고학년이나 중학생은 본격적으로 지리, 역사, 세계사를 배우게 되는데, 지리적 감각을 익히고 그 배경인 역사를 이해하려면 그곳을 체험하는 것이 좋다.

"선생님, 파리에는 세네갈 사람이 많던데 그럴 만한 역사적 배경이 있나요?"

파리에는 백인만 있을 거라고 추측했던 학생은 흑인이 있어서 의문이 생긴 것이다. 그래서 파리를 체험할 때 아이들에게 항상 역사 이야기를 들려준다. 그 나라의 역사를 알아야 아는 만큼 그 나라가 보인다.

월드컵이 있었던 2002년의 일이다. 개막전 경기로 전년도 우승 국가이면서 FIFA 랭킹 1위의 프랑스는 처음 출전한 아프리카의 샛별 세네갈과의 경기를 하게 되었다. 대부분의 프랑스 사람들은 당연히 프랑스가 크게 이길 거라고 생각했는데, 예상과는 달리 세네갈이 1:0으로 이기고 말았다. 월드컵 사상 최대의 이변이라고 할 만큼 세계의 이목이 집중되었다.

하지만 역사의 속내를 들여다보면 세네갈 선수들이 유난히 화이팅이 넘친 연유를 이해할 수 있다. 세네갈은 1800년대부터 오랫동안 프랑스 식민지로서 지배를 받다가 1960년에 독립했다. 세네갈의

많은 사람들이 프랑스에서 노동자로 살고 있었고, 축구선수로 프랑스 리그에서 뛰고 있는 세네갈 출신 선수들이 많았다. 하물며 2002년 월드컵에서는 세네갈 국가대표의 모든 선수가 프랑스 리그에서 뛰고 있었다. 그래서 세네갈은 누구보다 프랑스 축구를 잘 알고 있었다. 무엇보다 오랫동안 프랑스의 지배를 받았던 터라 승리하기를 간절히 바랐을 것이다.

이렇게 세네갈이 프랑스를 이긴 것은 우연이 아니었다. 그 나라의 역사와 지리를 이해하면 마치 퍼즐을 맞추듯 또 흥미를 느낄 것이다.

아이들과 함께 고구려 역사 체험을 하면서 백두산을 여행하기 위해 인천에서 배를 타고 중국 단동에 도착했을 때 일이 생각난다.

그날따라 폭우가 쏟아지고 있었다.

"선생님, 여기에 와보니 이성계가 '위화도 회군'을 하자고 주장한 데는 일리가 있었다는 생각이 드네요."

압록강의 수위가 상당히 올라와 있었고, 멀리 보이는 위화도가 거의 안 보일 정도로 강물이 시간이 지날수록 불어났다. 이런 상황에서 위화도를 건넌다고 상상해보라. 이성계가 회군을 결정할 수밖에 없었던 안타까운 마음을 이해할 수 있었다.

문학과 미술을 함께

천만 리 머나먼 길에 고운 님 여의옵고
내 마음 둘 데 없어 냇가에 앉았으니
저 물도 내 안 같아야 울어 밤길 예 놓다. _왕방연의 시조

조선시대에 임금의 자리에서 쫓겨난 단종이 강원도 영월로 귀양을 가게 될 때 호송 책임을 맡았던 의금부도사 왕방연의 시조이다. 나는 단종의 유배지 영월 청령포를 갈 때마다 아이들에게 이 시조를 외우게 한다.

청령포는 삼 면이 강으로 둘러싸여 있어서 배를 타고 건너야 하는 섬 같은 곳이다. 이처럼 외딴섬 같은 청령포에는 단종 외에 아무도 머무는 사람이 없었다. '금표비'라는 비석이 있었는데, 누구도 그곳에 들어가지 못한다는 표시였다. 이 철창 없는 감옥인 이곳에서 임금으로 모셨던 단종을 홀로 두고 서울로 떠나야 했던 왕방연의 심정은 어떠했을까?

"선생님, 청령포를 둘러보고 나서 이 시조를 외우니 정말 애틋하네요. 왕방연의 마음이 시조에서 그대로 드러납니다. 단종이 너무 불쌍해요."

역사 수업에서 배운 단종의 처지가 단순히 왕좌에서 쫓겨나 유배된 사건을 뛰어넘어 이 아이의 가슴으로 전달된 것이다.

창의력은 일상 속에서 미처 깨닫지 못하다가 낯선 여행지 속에서 오감을 자극하면서 발휘되기도 한다. 그래서 소설가나 화가의 작품에는 여행과 연관되어 있는 경우가 많다.

또한 지난 9월 초, 평창 여행에서 『메밀꽃 필 무렵』을 읽었다는 여학생의 말이다.

"소설을 읽으면서 이곳이 어떨까 상상하면서 왔는데, 작품에 묘사된 내용이랑 똑같아요."

소설에서 '소금을 뿌린 듯이 흐뭇한 달빛에 비친 메밀꽃'이라는 묘사가 나오는데, 마침 우리가 평창에 갔을 때 온통 메밀꽃으로 뒤덮인 풍경을 볼 수 있었다.

우리나라 그림 중에도 큰 그림이 있기는 하지만, 그림의 크기가 가로 9미터 세로 6미터라면 책 속의 사진으로 볼 때와는 사뭇 다르다.

"나폴레옹 대관식의 그림이 이 정도로 클 줄 몰랐어요. 정말 대단해요."

책에서 볼 때는 그림의 크기가 이 정도일 거라고 상상이 안 되다가 실제로 관람하면서 그저 놀랍기만 하다. 자크루이 다비드가 정말 대단하게 느껴질 수밖에 없다.

특히 파리, 피렌체의 미술관 투어를 진행하면서 작품과 함께 스토리를 들려주면 생각보다 아이들의 집중도가 훨씬 높다. 미술을 좋아하지 않더라도 큐레이터의 설명에 집중하는 모습에 놀라웠다.

나는 아이들이 미술을 대하기 시작할 때 현대미술보다 스토리 있는 명작을 관람하는 것이 좋다고 생각한다. 자칫 미술을 즐기지 못하는 이유가 유년기에 미술품을 볼 기회가 없었거나 난해한 현대미술을 감상하려고 애썼거나 명화 속의 스토리를 알지 못하기 때문일 것이다. 미술 공부 역시 많이 보고 느끼는 게 가장 좋은 방법이다.

소설이나 시 역시 다양한 이야기가 숨어 있는 문학 답사지를 두루 다니면서 작가의 정서적 배경을 이해하다 보면, 어느새 나도 그 이야기의 주인공이 되기도 한다.

저학년 때는 단편적으로 알았던 미술품이나 동화가 십대에는 자신이 좋아하는 작가, 작품, 스타일 등 왜 좋아하는지 구체화되어 간다. 그러한 변화의 시기에 미술관 여행이나 문학 답사 등은 관련 과목을 더 좋아하게 하고 더 많은 관심을 가지게 한다.

창의력에 동기부여를

창의력은 여행에서 가장 많이 확장되는 학습 영역이다. 그런 면에서 여행은 도전적이고 변화무쌍한 십대에게 훌륭한 학습 도구이며 다음세대를 준비하기에 반드시 필요한 영역이다. 창의력과 여행에 관한 흥미로운 기사를 읽어 보자.

> 낯선 곳으로 여행을 떠나 새로운 일상을 경험하는 건 창의력을 기르는 데도 도움이 된다는 심리학, 신경과학 연구 결과들이 잇따라 소개되었다. 창의력과 여행, 어떤 의미에선 상당히 멀게 느껴지

는 단어이다. 하지만 어니스트 헤밍웨이, 올더스 헉슬리, 마크 트웨인에 이르기까지 유명한 작가들이 낯선 곳에서 겪은 경험으로부터 영감을 얻어 위대한 소설을 쓰기도 했고, 새로운 것을 좇아 일부러 삶의 터전을 옮기기도 했으며, '편견과 닫힌 마음을 해소하는 데 여행만큼 좋은 것이 없다'는 말을 남기기도 했다. _뉴스페퍼민트, 2015년 4월 9일자에서

아이가 미래를 꿈꾸고 행복하려면 상상할 줄 알아야 하는데, 그 연결고리에 창의력이 있다. 창의력은 순간 포착이기도 해서 그 포착의 순간에 내재된 아이 자신의 질서가 요구된다. 창의력은 독립적이며 도전적이다. 호기심이 뛰어나고 언어구사력도 남다르다.

창의력은 일상 속에서 미처 깨닫지 못하다가 낯선 여행지 속에서 오감을 자극하면서 발휘되기도 한다. 그래서 소설가나 화가들의 작품에는 여행과 직접 연관되어 있는 경우가 많다.

'여행은 다른 나라, 다른 문화권에서의 경험이 인지적 유연성(cognitive flexibility)을 기르고 이질적인 것들을 연관 짓는 사고를 하는 데 도움이 된다'는 콜롬비아경영대학원의 아담 갈린스키(Adam Galinsky) 교수의 설명에도 공감한다.

서로 다른 아이디어를 엮어내는 작업을 수행하는 데 있어 인지적 유연성은 핵심적인 능력 가운데 하나다. 이러한 인지적 유연성은 다른 이들과 자꾸 부대끼다 보면 자연스럽게 길러지는 영역이다.

물론 여행을 자주 한다고 해서 무조건 창의력이 높아지는 건 아니다. 만약 현지 문화를 접하면서 그곳에 사는 사람들과 직접 소통할 기회가 없었다면 여행을 통한 창의력은 별개의 것이 된다. 여행지가 휴양지라고 해서 그냥 쉬기만 하는 것이 아니라 그곳 사람들과 함께 소통할 기회를 가진다면 여행이 주는 유익과 재미를 더할 것이다.

그렇다고 반드시 해외여행에서 다른 언어를 사용하면서 이국적인 경험을 해야만 하는 건 아니다. 스스로 조금 불편하더라도 낯선 경험을 하는 것도 아이들에게 여행만큼 효과적이다. 오감으로 기억하게 하는 문화 충격은 창의력을 높이기에 충분하다.

인문학 강사 최진기 씨는 TV프로그램 〈어쩌다 어른〉에서 창의력은 독서와 여행을 통해 발전된다고 했으며, 개그맨 서경석 또한 독서와 여행이 창의력을 개발하는 데 큰 도움을 받았다고 했다.

스스로 행동하는 십대, 좋아!

지난 여름에 부산, 김해, 대구, 포항의 중학생들과 함께 서울에서 지하철을 타고 이동하는 국내 배낭여행을 할 십대들을 모으는데 학부모의 문의 전화가 있었다. 이제 중학생인 여학생의 어머니는 걱정스러웠던 것이다.

"선생님! 아이들끼리만 다니는 건가요, 인솔하는 선생님이 동행하나요?"

"인솔자 없이 아이들 스스로 체험하는 프로그램입니다."

부모님이나 다른 누구의 도움 없이 먼 지역을 여행하고 거리를 이동한다는 것은 이제 막 중학생의 부모로서는 걱정스러운 일이 아닐 수 없다. 마찬가지로 서울에 사는 중학생에게 부산이나 광주에서 혼자 다니라고 했다면 자신 있게 '예'라고 대답하기가 쉽지 않다.

아이들은 동대구 복합터미널에서 고속버스를 타고 서울 강변고속버스터미널에 도착한 다음, 조를 정하고 일정을 서로 문자로 공유하고 나서 헤어졌다. 나 역시 걱정스럽기는 부모 마음과 다름없었다.

'오늘 처음 만나는 아이들끼리 조 화합은 잘 될까?'

'일정을 제대로 숙지했나? 혹시 헤매지는 않을지?'

이번 일정의 하이라이트는 아이들이 바라는 직업 멘토를 만나는 일이었다. 강변역에서 조별로 직업 멘토의 회사로 이동하여 인터뷰를 하고, 다시 정해진 시각에 연세대학교에서 만나는 일정이었다. 서울의 지하철을 처음 타거나 익숙하지 않은 경우 환승 과정도 생소하고 지하철역 인근에 직업 멘토들의 회사가 있는 것도 아니어서 지방 거주자인 아이에게는 새로운 도전이 분명했다.

아이들의 전체적인 이동 상황을 문자로 확인하면서 비교적 안심하고 있었는데 국회위원 보좌관을 만나기로 했던 조의 메시지가 도착했다. 지하철을 잘 못 탔다는 내용이었다.

"선생님, 저희가 지하철을 잘 못 타서 예정보다 늦을 것 같아요."

지하철로 이동하였기에 중간에 환승했어야 하는데, 그걸 놓친 모양이었다. 벌써 다른 조는 도착해서 인터뷰를 진행하고 있었다.

"선생님 늦더라도 저희끼리 길을 찾아가겠습니다."

또래 중에서 뽑힌 조장이었으나 당황하지 않고 책임감 있게 인솔하고 있었다. 정치에 관심 있는 이 조는 모두 남학생뿐이라서 전화도 제때 받지 않아서 저희들끼리 찾아가겠다는 말에 마음이 놓이지 않았다. 30분 정도 지나자, 멘토 보좌관이 보낸 '아이들이 잘 도착했다'는 문자 메시지를 받고 나서야 안심했다.

나중에 들은 얘기로는 지하철 환승을 잘못하여 중간에 내려서 버스정류장을 찾을까 생각했지만 그마저 힘들어서 조원끼리 택시를 탔다고 한다. 국회 방문 이후 연세대학교를 잘 찾았고, 다른 조보다 30분 정도 늦었지만 전체 진행에 무리가 없었다. 연세대학교 구내식당 근처에서 기다리는데 더위로 벌겋게 달아오른 남자애들이 달려오는 장면이 눈에 선하다. 아이들은 서울에서 미아가 된 기분이었다고 한다.

십대 아이들과 십여 년 간 함께 여행을 했고, 해외 여러 지역을 다니면서 얻은 결론은 '십대라면 스스로 다 할 줄 안다'는 것이다. 다만 부모님이나 어른이 염려와 걱정을 내려놓지 못해 지속적으로 통제하고 간섭하면서 아이들 스스로 체험의 기회를 없애는 결과를 가져왔다. 괜한 걱정에 참견하거나 아이의 속도를 기다려주지 못해 정신적인 성장을 더디게 하는 것은 아닐지. 십대라면 누구나 할 수 있는 일들이 많다.

"내가 예전에 너만 했을 때는 혼자서 다 했다."

어떤 어른은 요즘 아이들이 이해가 안 된다며 이런 말을 한다. 실제로 내가 십대일 때만 하더라도 집안의 농사일을 도왔고, 공부나 학교 과제도 누구의 도움 없이 해결했다. 그 시절의 부모님은 자율성을

부모님이나 어른이 염려와 걱정을 내려놓지 못해
지속적으로 통제하고 간섭하면서
아이들 스스로 체험의 기회를 없애는 결과를 가져왔다.

주기도 했지만 별도의 자녀교육을 할 만한 형편들도 아니었다.

아이들에 대한 지나친 관심이 오히려 자율성이나 독립적이지 못하게 한다. 아이들이 해야 할 역할을 부모님이 대신하는 것이다. 숙제도 대신 하고, 봉사도 대신 하고, 심지어 대학생 수강 신청도 대신 한다는 부모님이 있었다.

부모님이 아이에게 관심을 조금만 내려놓으면 스스로 하는 법을 깨우치면서 성장한다. 그 속도가 늦더라도 꿈꾸는 방향으로 나아가기를 기대하며 기다려야 한다. 해결하는 속도에 차이가 날 뿐이다. 아이들의 속도를 기다려줄 줄 아는 여유 있는 어른이 필요하다.

나는 이같이 내려놓는 연습을 하기에 좋은 방법 중에 배낭여행이 효과적이라고 생각한다. 물론 집이나 학교에서 가능한 것도 있지만 십대들끼리의 배낭여행에서 스스로 깨우치는 경우를 많이 보았다.

내가 말하는 배낭여행은 가까운 거리일 경우 대중교통을 이용하면서 조금 불편한 여행을 하라는 의미이다. 혼자만의 배낭여행은 혼자 일어나고 여행하는 내내 재정 관리는 물론 자기 관리를 스스로 해야 한다. 그래야 여행을 마칠 때까지 안전하게 지낼 수 있다.

부모의 도움 없이 옷가지를 챙기고 끼니를 해결해야 한다. 여행 일정이 길다면 손수 빨래도 해야 한다. 여러 결정을 하고 판단할 조건에 대해 스스로 검토해야 한다. 예기치 못한 상황에 놓이더라도 일종의 두려움도 스스로 극복해야 한다.

친구나 동료와의 여행에서는 서로 의견 대립을 조율하기도 해야 해서 부모님과의 여행과는 사뭇 다르다. 누구의 간섭 없이 자신이 주체적으로 해결해야 한다. 돈을 잃어버렸다든지, 낯선 거리에서 길을 잃었다든지 등 생각지 못한 상황에 대처해야 한다.

또래들이더라도 낯선 사람들과의 배낭여행은 어느덧 자율성과 독립성을 성장시키면서 정해진 목표에 다다르게 할 수 있다. 실제적인 경험과 시행착오는 내면을 성장시켜주는 긍정적인 촉매제이기 때문이다.

우리 아이가 변했어요

딸아이가 5학년이 되면서 사춘기가 시작되었는지 사소한 일로 언쟁하면서 자주 부딪혔다. 아이에 대해 지쳐서 어떤 계기나 돌파구가 필요했다. 그러던 중에 딸이 다니는 학원 친구 어머니를 통해 여행 프로그램을 알게 되었고, 딸이 아직 초등학생이지만 중학생들과 같이 가는 유럽 배낭여행을 보내고 싶었다. 딸 역시 새로운 경험을 하고 싶다면서 흔쾌히 가겠다고 했다. 방학 때마다 함께 여행을 해서 그랬는지 유럽여행에 대해 딸은 설레었다.

남들보다 늦은 결혼이어서 어렵사리 낳은 딸에 대해 애착이 강한 편이었다. 초등 5학년이 될 때까지 아파트 앞 편의점도 혼자 보내지 않았고, 학원도 매일 데려다주며 흔한 말로 애지중지 키웠다.

막상 해외여행을 보내기로 결정하고 나서 사실 걱정스러웠다. 유럽으로 떠나는 날 인천공항으로 향하는 리무진에서 정말 이렇게 딸을 보내도 되는지 걱정스러움과 불안함은 떨쳐버릴 수 없었다.

"아프면 상비약 챙겨 먹고 입맛 없다고 안 먹지 말고 음식은 꼭 챙겨 먹어야 한다."

"인솔자 선생님에게서 멀리 떨어지면 절대 안 돼."

나는 딸에게 신신당부를 했다. 한편 '요즘 엄마를 힘들게 했는데 어디 엄마

없이 고생 한 번 해봐라'하는 마음도 한 자리에 있었다.

파리공항에 멀미도 하지 않고 잘 도착했다는 문자가 왔다. 또 인솔자 선생님께서 아이들의 일정과 활동 모습들을 담은 사진을 카카오톡으로 매일매일 알려주셔서 조금씩 걱정도 줄어들었고, 같이 여행하는 기분이었다.

그런데 내심 놀라운 점은 여행 중 분명 힘든 일이 있었을 텐데, 한 번도 문자를 하거나 전화해서 힘들다거나 보고 싶다는 말을 하지 않았다. 나중에 딸의 생각을 묻자, 매일매일 일정이 힘들었지만 끝까지 언니 오빠들과 같이 활동하고 싶었고, 엄마가 보고 싶다고 혼자 되돌아 올 수 있는 것도 아니어서 참아냈다고 한다.

2주간의 유럽 배낭여행을 마치고 돌아온 딸은 달라져 있었다. 자신의 일을 스스로 해내려고 했고, 학교 친구들과의 관계도 원만해졌으며, 학습 습관 역시 일일이 챙기지 않아도 하는 것을 보면서 배낭여행이 딸에게 긍정적인 영향을 주었다는 것을 확신했다.

요즘도 딸은 유럽여행 이야기를 꺼낸다. 여행 가기 전에 책 속의 그림이나 사진으로 보았던 영국, 프랑스, 이탈리아 박물관의 유물을 직접 보면서 감동했고, 다양한 활동과 체험은 긍정적인 자극이었다면서 여행 가기를 잘했다고 말한다.

윤서희 어머니, 김해

PART 2

경험하고 발견하라

시도하고, 감탄하고, 실패하고,
수정하고, 다시 해보면서
변화하는 존재가 사람입니다.

클로드 퐁티

5개월 간 준비해서
지리산에 가다

"얘들아, 우리 지리산 한 번 가 볼까?"

"그래. 까짓 것, 가자!"

"한라산 다음에 지리산이 높다잖아. 제주도라서 한라산은 부담스럽지만 지리산은 우리끼리 갈 수 있지 않겠나?"

고등학교 2학년 때였다. 동네 친구들과 함께 지리산을 등반하기로 한 것이다. 일주일의 일정으로 친구들끼리 여행을 위해 돈을 모으기 시작했다. 그때만 해도 손쉽게 여행지 정보를 얻을 수도 없었고, 주변 사람들 중에는 아무도 지리산 가는 길을 알지 못했다. 우스갯소리지만 우리가 가겠다는 지리산에 대해 아는 것이라고는 '지리산' 석 자가 전부였다. 그런데도 누가 먼저랄 것도 없이 지리산여행 계획을 세웠고, 준비물을 서로 분담하였다.

"창영이는 지리산까지 어디로 어떻게 이동할 건지, 대략 며칠이 걸릴지 조사해라."

"우석이는 예산을 따져보고 매달 얼마씩 경비를 모아야 하는지 알려주고."

실제로 여행도 재미있지만 사전 준비가 더 재미있는 법이다. 모두 동네 친구들이었지만 학교가 다르고, 나처럼 학교가 인문계인 경우 밤늦게 집에 돌아와서 주중에 모이기는 어려웠다. 주말에 모여서 계획을 세우고, 세부적인 내용은 각각 나누어 준비하기로 했다.

여름방학에 떠날 지리산여행이었지만, 3월부터 경비를 모으기로 해서 일단 텐트를 할부로 구입하였다. 그래야 지출이 분산되어 목돈이 안 들고, 차근차근 준비물을 구입할 수 있다는 의견이었다.

할부로 구입한 텐트가 도착하자 정말이지 여행을 실감할 수 있었다. 우리는 들뜬 마음으로 텐트 구입 기념으로 동네 근처에서 야영을 하기도 했다.

"야, 근데 너희들 부산에 가 봤니?"

"부산에 두 번, 대구에 한 번 엄마 따라 다녀왔지. 그런데 어떻게 가는지 모르겠다."

경주에서 살면서 기껏해야 부모님을 따라 대구나 부산 정도 다녀온 우리에게 지리산여행은 일탈이었으며 일생일대의 대모험이었다. 성장기 무렵에는 지금처럼 여행이 대중화 되지 않았고, 부모님의 일손은 바빴고, 여행을 다닐 만큼 경제적인 여유도 없었다.

우리는 부산에서 진주를 거쳐 지리산 등반을 한 후 남원, 무주, 대구를 거쳐 집으로 돌아오겠다는 계획이었다. 그야말로 아무도 가본 적 없는 지리산 등반 일정이었다. 요즘처럼 인터넷에서 정보를 얻을 수도 없었고, 확실하지 않은 정보들뿐이어서 그때그때 상황에 적응하기로 하고 무조건 떠나기로 한 것이다.

지리산을 가겠다고 나선 고등학생 여섯 명에게 믿을 만한 것이라고는 『사회과부도』 뿐이었다. '터미널에 거기 가는 버스들이 있다더라'는 말을 믿고 '어떻게 되겠지'라는 배짱으로 출발하기로 했다.

여름방학이 시작되었고, 드디어 5개월 간의 여행 계획이 실전으로 다가왔다. 미성년자라고 해도 동네에서 집안 내력까지 다 알고 지내는 사이여서 부모님들 모두 허락하셨다.

우리는 각자 큰 배낭을 메고 작은 가방을 별도로 챙겨 경주를 출발했고, 다시 진주에 가려고 부산서부시외버스터미널에서 내렸다.

"아침도 못 먹었는데, 우리 밥 먹자!"

어느덧 점심시간이었고, 한창 식욕이 왕성한 우리들은 몹시 배가 고팠다. 하지만 총무의 생각은 달랐다. 자금을 아껴야 한다면서 우동 한 그릇으로 해결하자고 제안했다. 우리들은 총무의 말을 따를 수밖에 없었다.

부산을 출발한 진주행 시외버스는 고속도로를 달리기 시작했다. 도로에 차들은 왜 그리 많은지, 휴게소를 본 적이 없었던 우리들은 섬진강휴게소에서 잠시 정차했을 때는 마냥 신기해서 환호성을 질렀다. 이처럼 큰 슈퍼가 도로 중간에 있다는 것이 놀라웠다. 우동 한 그릇 먹은지 얼마 지나지 않았지만 벌써 출출해진 우리는 총무를 졸라서 아이스크림을 먹기도 했다. 드디어 버스는 진주시외버스터미널에 도착했다.

"여기서 하동까지 가야 하는데, 버스는 자주 있습니까?"

"어디 가려고 그러나?"

매표소 직원은 경주에서 지리산으로 가는 길이라는 말에 고등학생들이 대단하다면서 친절하게 안내해 주셨다. 진주에서 하동을 거쳐 지리산으로 가려고 했는데, 매표소 직원 덕분에 곧바로 '지리산 중산리'로 가는 버스를 탈 수 있었다.

우리가 지리산 중산리에 도착한 시각은 늦은 오후였다. 예정보다 이른 시간이어서 조금만 올라가면 있다는 야영장에서 텐트를 치기로 하고 등반을 시작했다. 5개월이나 준비한 지리산 등반이 이루어지고 있었다.

우리의 이상적인 지리산 등반은 배낭이 무겁더라도 쉬지 않고 올라가서 밥을 지어 맛있게 먹는 것이었다. 하지만 현실은 그렇지 않았다. 안내한 어른의 말씀대로라면 벌써 야영장에 도착했어야 했는데 가도가도 야영장은 보이지 않았다.

우리는 점점 지쳐갔다. 거친 숨을 내쉬게 하는 오르막길은 계속 되었고, 여름철 무더위 탓에 갈증으로 연신 물을 마셔야 했다. 한 시간이 지나자 발걸음은 급격히 느려지더니 모두들 힘들다고 난리였다.

십대에 처음 하는 장거리 여행이어서 설레임으로 힘든 줄 몰랐지만 사실 지리산까지의 여정은 만만치 않았다. 온종일 버스를 타고, 또 갈아타다보니 힘들 수밖에 없었다.

친구들 중에서 가장 체중이 무거웠던 나는 누구보다 등반에 취약했다. 잘하는 운동이라고 해야 숨쉬기 운동, 몸무게 덕분에 씨름을 할 정도여서 산행은 내게 너무 힘들었다.

"야, 누가 먼저 지리산에 오자고 한 거냐?"

급기야 내게서 해서는 안 될 말이 터져 나왔다. 내심 친구들에게 미안한 나머지 거꾸로 원망의 소리를 내뱉고 말았다. 결국 친구들은 내 짐을 나눠서 들어주기 시작했다. 친구들에게 염치가 없었지만 헤아릴 여유가 없었다. 짐이 하나도 없이 걷는데도 자꾸 뒤처져서 친구들을 따라가기가 어려웠다.

"먼저 올라가서 텐트 치고 저녁 준비해 놓을게."

친구들은 하는 수 없이 이 말을 남긴 채 올라가 버렸다. 나 혼자 정말 죽을힘을 다해 걸었다. 산중은 이미 어둠이 찾아와서 주변을 분간하기 어려울 만큼 캄캄해지고 있었다. 친구들보다 30분 가량 늦었을 것이다. 이미 텐트를 치고 어둠 속에서 저녁식사 준비가 한창이었다.

"밥 해 본 적 있니?"

"김치찌개는 쉬워. 김치에 참치만 넣으면 돼."

몇몇 자취생들이 있어서 식사는 문제가 없을 거라고 믿었는데, 그게 아니었다. 산중에서 버너와 코펠로 밥을 지어 본 적이 없었다. 아니나 다를까, 이름하여 '삼층밥'이었다. 코펠 바닥의 밥은 탔고, 중간은 먹을 만하고, 맨 위의 밥은 설익었다. 그래도 즐거웠다. 우리 손으로 직접 지은 첫 끼니를 맛있게 잘 먹었다. 밥이 탔든 설익었든 대수롭지 않을 만큼 배가 고팠던 것이다.

그런데 그날 밤에 폭우가 쏟아졌다. 뉴스에서나 보았던 지리산의 폭우를 만난 것이다. 비상 대책 회의를 한 우리는 예정대로 등반한다는 것은 위험하다고 판단하여 계획을 대폭 수정하기로 했다.

지리산 등반은 하지 않기로 하고, 쌍계사 근처 강변에 텐트를 치고 수영하며 놀다가 다음날에 남원을 거쳐 덕유산으로 이동하기로 했다. 덕유산 무주구천동에서 야영을 즐긴 우리는 애초의 일정대로 대구를 거쳐 집으로 돌아왔다.

5개월 동안 준비한 지리산여행! 우리의 목적이었던 지리산 등반은 이루지 못했으나 모험과 스릴이 있어서 잊지 못할 여행이 되었다. 친구들이 가져온 것 중에 쌀이 가장 많았는데, 야영장의 여행객들과 서로 다른 먹거리로 바꾸기도 했다. 경비를 아끼고 아껴서 쓴 덕분에 대구 버스정류장 근처에서 마지막 점심 식사를 풍족하게 맛있게 먹을 수 있었다.

섬진강 휴게소와 춘향이가 살았던 남원, 그리고 한 여름인데도 시원하다 못해 추웠던 무주구천동, 임진왜란 때 일본군의 주둔지 왜관, 또 텔레비전에서만 보고 학교에서 배운 지명들을 직접 보고 느끼고 걸으면서 여행했다는 사실이 생각만 해도 대견하고 흐뭇하게 했다.

4박 5일의 일정 동안 친구들과 다투기도 하고, 또 금방 사과하고 화해하기도 하면서, 무거운 짐들을 나누어 메면서 즐길 수 있었다. 나의 십대에서 가장 멋진 추억이자 아름다운 도전이었고, 변화의 시작이었다.

대학입시에 떨어졌을 때, 대학을 졸업했을 때 그리고 군대를 제대했을 때와 같이 인생의 변곡점에서 여행을 떠났던 것도 처음 도전한 지리산여행이 유익했기 때문이다. 비록 해답이나 정답을 얻을 수 있는 것은 아니지만, 여행을 통해 그 다음 걸음을 걷는 힘과 용기를 얻을 수 있었다.

답사는
보고 듣고 느끼기

스마트폰의 창시자 스티브 잡스는 미국 오리건 주 리드대학교에 입학 후 1년 만에 학교를 그만두고 캘리포니아에서 비디오게임 회사 '아타리(Atari)'에 취업했지만 그마저 얼마 지나지 않아 그만 두었다.

여러 차례 방황을 하다가 그가 선택한 것은 인도여행이었다. 히피 차림으로 여행을 떠났고 수개월 동안 인도 북부 히말라야 일대를 여행했다. 히말라야 산중을 떠돌고 요가수행자나 승려들과 교류하면서 돌아다녔다.

인도여행에서 돌아온 스티브 잡스는 전자 엔지니어였던 스티브 워즈니악과 함께 회사를 창업했다. 그 회사가 바로 오늘날 스티브 잡스를 위대하게 만든 '애플'이다. 그의 공동창업자 워즈니악은 회사명을 지을 때 스티브 잡스가 오리건 주의 선불교 수행을 하던 장소였던 사과 농장을 연상하여 '애플(apple)'이라고 이름을 지었다고 한다. 스티브 잡스가 인도를 여행하며 얻은 생각과 사유들은 그의 미래뿐만 아니라 다음 시대를 선도하는 디자인에 큰 영향을 주었다.

나는 일찍이 십대들을 위한 여행과 교육에 관심이 많았다. 그래서 아이들의 미래에 도움이 되는 다양한 방법의 시도를 해 왔다. 서울에서 꽤 많은 교육비를 쓰면서 꿈 코칭 강사 자격증을 취득했고, 그와 관련된 분야의 여러 자격증도 갖출 수 있었다.

7년 동안 꿈 코칭 수업과 함께 여러 차례 캠프를 진행하면서, 거듭 새로운 프로그램을 시도하고 적용하는 중에 꿈을 발견한 친구, 그 꿈을 향해 달려가는 친구들을 만나기도 했다. 하지만 크고 작은 시행착오를 겪게 마련이었고, 꿈이 없는 아이들에 대해 더욱 관심을 가질 수밖에 없었다. 특히 소극적인 아이들은 실내 프로그램만으로는 동기 부여를 하기에 한계가 있었다.

요즘 어른들이 십대에게 하는 말이다.

"요즘 애들은 꿈이 없어."

"애들아! 십대에 꿈을 꾸어야 이룰 수 있는 거야!"

그러나 꿈과 비전을 찾지 못한 친구들에게는 공통점이 있었다. 자신이 원하는 꿈이 무엇인지, 관련 직업은 어떤 것이 있는지 잘 알지 못했고, 비교적 단편적인 정보뿐이었다. 그 직업에 대해 꿈을 꾸기에 직업 이해도가 부족한데다가 꿈을 찾았다고 하더라도 관련 직업이나 학과 등 연결고리를 찾지 못했다. 적극적인 활동 없이 이론이나 학습 프로그램에 그치는 정도였다.

그러니 꿈이 자꾸만 바뀌었다. 진로와 직업에 대한 정확한 인식도 부족하고, 다양한 활동이 이루어지지 않아서 새로운 정보나 환경에 따라 진로가 바뀌는 것이 현실이었다. 입학사정관제 도입으로 자신의 꿈과 목표를 정해 대학교 학과를 정하기 위한 다양한 활동이 이루어지기를 기대한다.

자유학기제, 자유학년제 같은 시도가 이루어지고 있는 교육제도를 살펴보면서 성적을 올리는 것만큼 탐색 활동을 통해 학습 목표를 세우고 진로를 정해 공부하기를 바란다.

"선생님, 아이가 무얼 하고 싶은지 모른다고 합니다. 어떡하죠?"

이 말은 곧 아이가 꿈을 꿀 만큼 체험이 없고 긍정적인 자극이 필요하다는 의미이다. 나는 십대에게 어떤 일을 하고 싶냐고 묻기보다 '어떤 일'을 구체적으로 알기 위해 보고 듣고 느끼는 활동이 폭넓게 주어질 때 꿈을 위한 선택이 가능하다고 강조하고 싶다.

중학생 진로여행 프로그램을 진행하면서 KBS PD를 만났다. 방송국에는 PD 외에 다양한 직업이 있었는데, 특히 'KBS PD'는 아이들에게 인기가 높은 편이었다.

프로그램에 참여한 아이들은 PD에게 여러 질문을 했다. 그는 드라마 예고편을 담당하고 있었는데, 아이들을 만나기 전날에는 밤새 잠도 못 자면서 편집 작업을 했노라고 했다. PD는 일을 하다보면 밤을 새야 하고 식사를 거르기도 해서 이 직업을 좋아해야 할 수 있다고 덧붙였다.

PD와의 대화를 마친 후 한 아이가 말했다.

"선생님, 방송국 PD는 너무 힘든 직업 같아요."

자신이 생각했던 방송 현장과는 다르다고 했다. 물론 그 PD 역시 아이들에게 전문직의 특성을 중점적으로 말하면서 사명감을 일깨우려고 했는지 모르지만, 정보가 지극히 단편적인 아이들에게 PD의 설명을 충분히 이해하기에는 한계가 있었다.

중학교 남학생들과 함께 장사 프로그램을 진행하기도 했다. 단순히 판매하는 것이 아니라 장사 품목도 스스로 정하고 재료 구입부터 홍보, 판매, 디자인에 이르기까지 진행하도록 했다. 무슨 일이든지 이론이나 추측으로 아는 것을 직접 진행해 보면 그 차이를 실감한다.

그런데 평소 소극적인 친구가 이 프로그램에 참여하면서 재료 구입부터 이익 분석까지 가장 빠르게 정리했다고 평가할 정도로 적극적으로 활동하는 것을 보았다.

"야, 사업가의 기질이 있었구나!"

나는 그 친구를 큰소리로 칭찬해 주었다.

18세기 실학자 박제가는 규장각 검서관이 되어 당시 청나라의 수도 북경을 네 차례나 다녀오고 난 후 '북쪽(중국)에서 배울 것을 논함'

이라는 뜻인 저서『북학의』를 저술했다. 그는 여러 차례의 여행을 통해 청나라의 새로운 문물을 우리나라에 적용하자고 했다. 구체적으로 '배를 만들어야 한다', '수레를 이용해 물건을 옮겨야 한다', '벽돌집을 지어야 한다' 등 조선에서는 놀랄 만한 개혁적인 주장이었다.

조선 후기 실학자로 대표되는 박제가가 이렇듯 주장할 수 있었던 것은 북경을 네 차례나 다녀왔기 때문이다. 보지 않고 경험하지 않고는 미래를 볼 수 없다. 나는 다양한 사람들을 만나고 다양한 직업을 경험할 수 있는 방법 중에 여행만큼 좋은 것이 없다.

한번은 서울 배낭여행을 하고 돌아오는 길에 아이들에게 여행하는 동안 알게 된 직업이 무엇인지 적으라고 했다. 그런데 놀랍게도 1박 2일의 일정에서 15~20가지 직업을 찾아냈다.

평소 생각하지 못했던 직업들을 적절한 환경이 있는 곳을 여행하면서 깨우칠 수 있었다. 생활하는 주변에서 새로운 발견을 하기 어렵다. 낯선 만남과 장소, 낯선 사람들을 맞닥뜨렸을 때 가능했던 것이다. 해외의 낯선 문화에서도 마찬가지일 것이다.

그해 여름에 유럽 배낭여행을 하다가 베니스에서 잘 생긴 청년 그룹을 만났다. 그들은 전 세계의 여러 도시를 다니면서 기타와 여러 악기들을 연주하면서 숙식을 해결했다. 이들을 지켜본 아이들이 놀라워했다. 신선한 충격이었을 것이다. 우리나라도 길거리 공연이 자연스러워지긴 했지만 유럽처럼 관람 후 돈을 기부하는 일은 그다지 활발하지 않아서 더욱 인상적이었다.

다양한 환경에서 만나는 새로운 문화를 통해 그동안의 갇혀 있던 고정관념을 깨뜨릴 수 있다. 다른 시각으로 같은 환경을 바라볼 때 사고의 유연성이 발휘될 것이다.

또한 수년 전 일본여행을 하다가 저녁 시간에 편의점 바로 옆에서 각각 식사하는 여러 어른들을 볼 수 있었다. 그때 아이들이 그 광경에 대해 질문하기도 했다.

"선생님, 어른들이 편의점 도시락으로 식사하시네요?"

말하자면 그 어른들이 요즘 한국사회의 '혼밥족'인 셈이다. 이제 우리나라도 편의점에서 혼자 식사하는 것이 낯설지 않다. 해마다 편의점의 도시락 매출이 올라간다고 한다.

여행에서 꼭 직업만 탐색하는 것은 아니다. 다양한 환경에서 만나는 새로운 문화를 통해 갇혀 있던 고정관념을 깨뜨릴 수 있다. 다른 시각으로 같은 환경을 바라볼 때 사고의 유연성이 발휘될 것이다.

파리의 루브르박물관과 오르세미술관에 갔을 때였다. 한 여학생이 감탄을 했다. 루브르박물관에서 책 속에서 봄직한 세계적인 명화를 직접 감상하면서 머리로만 알았던 미술이 마음과 가슴으로 들어왔다고 했다.

작가 이름과 작품명을 외우는 수준이라고 해도 과언이 아닌 우리 미술 교육 현장에 익숙한 그 친구는 〈모나리자〉를 책에서 볼 때와는 완전히 다른 느낌이라고도 했다. 특히 자크루이 다비드의 〈나폴레옹 대관식〉은 그림의 크기가 엄청나서 직접 와보지 않았다면, 평생 책 속에서 본 규모로 상상했을 것이다. 그 친구는 유럽여행 이후 진로를 미술 분야로 바꾸었다. 다소 늦은 선택이긴 해도 입시 미술을 공부하기 시작했다.

한 친구는 부모님이 장사하는 분이라서 아이와의 여행이 어려웠다. 그래서 나와 함께 국내 역사 유적지 답사를 시작했는데, 처음에는 그저 놀러 다니듯 가볍게 답사여행을 시작했는데, 차츰 새로운 유적지를 대하면서 아이는 하나 둘 알아가면서 더 깊은 관심과 흥미를 갖더니, 결국 대학교를 선택하는데 지대한 영향을 받고 전공을 정하게 되었다.

역사 유적지를 많이 다닌다고 해서 고고학자가 되는 것은 아니다. 옛 건물을 보면서 건축가의 꿈을 꾸기도 하고, 도시공학자가 될 수도 있다. 새로운 도시의 시내 탐방이나 다른 나라로의 여행에서 그동안 발견하지 못했던 무언가를 찾기도 한다. 일단 여행을 떠나자. 다양한 체험을 하며 직접 느껴보는 것이 필요하다.

오사카 국제여객터미널에서 생긴 일

"선생님! 여권이 없어요."

일본여행을 마치고 한국으로 돌아오는 출국장에서 승현이의 얼굴이 하얗게 변하면서 말했다.

"뭐? 다시 잘 찾아봐, 장난치는 건 아니지?"

승현이는 리더십이 좋고 장난기가 있는 유쾌한 아이여서 그 일을 대수롭지 않게 여겼다. 그런데 승현이의 표정에서 사태의 심각성이 느껴졌다.

"가방에 있는 거 다 꺼내 봐."

승현이의 캐리어 안에는 이번 일본여행의 흔적이 여실히 고개를 내밀었다. 부모님께 드릴 선물을 포함해서 반 친구들에게 줄 일본 과자, 일본여행을 준비하면서 읽었던 필독서와 자료집 등이었다.

이 에피소드는 10여 년 전의 일이다. 당시 부산에서 배를 타고 초등학생 6명과 중학생 15명이 일본 오사카, 나라, 교토 역사 문화탐방을 떠났다. 4박 6일의 일정이었다.

일본의 경주라고 하는 교토에는 일본 역사의 중요한 유물이 전시된 국립교토박물관이 있었고, 교토에서 여행객이 가장 많다는 청수사가 있었다. 그리고 임진왜란 때 우리나라 사람의 코와 귀를 잘라다가 묻었다는 귀 무덤이 있었다. 일제강점기를 떠올리게 했다.

또한 우리나라의 전승 흔적을 추적할 수 있는 나라에는 백제의 영향을 받은 호류지의 목탑과 세계 최대 청동대불, 목조 건축물이 있는 동대사와 사슴공원이 있었다.

오사카에는 임진왜란 때 우리나라에 쳐들어온 우두머리 도요토미 히데요시의 오사카 성이 있었고, 아이들이 좋아하는 유니버셜스튜디오가 있었다. 아이들은 이곳에서 시간 가는 줄 몰랐다. 오사카의 중심 도톤보리에서는 일본식 라멘, 초밥, 타코야키 등 음식 체험은 특별한 추억이 되었고, 자판기, 캐릭터 인형, 천앤숍 등 일본의 트렌디한 문화가 신선하게 다가왔다.

그런데 비록 짧은 일정이었으나 다양한 체험으로 풍성했던 일본 여행을 마치고, 한국으로 돌아가는 오사카국제여객터미널 출국장에 막 도착했을 때 승현이가 여권을 분실한 사건이 일어났다.

"선생님, 아무리 찾아봐도 없습니다. 아, 이걸 어떡하죠? 여권이 안 보입니다."

승현이 옆에서 함께 소지품을 살피던 동생들도 고개를 흔들었다. 결국 우려했던 상황이 현실이 되고 말았다. 그 당시만 해도 해외여행의 인솔 경험이 많지 않았던 나는 당황스러웠다. 더군다나 여권을 분실하다니. 예측 가능한 온갖 방법을 찾느라고 마음이 복잡했다. 일행이 다 함께 하루를 더 오사카에 머문다면 추가 비용이 엄청날 것이고, 갑작스럽게 숙소를 예약하는 일도 쉽지 않았다. 만약 일정을 변경한 후 다시 한국으로 돌아갈 일도 막막했다.

'어린아이가 분실한 일이니 부탁하면 가능하지 않을까?'

이런 궁리도 했지만, 여권이 없다면 누구라도 이 나라 밖으로 나갈 수 없는 게 국제법이었다. 사정한다고 해서 문제가 해결되는 것은 아니었다.

최선의 방법은 승현이 혼자 이곳에 남아 스스로 해결하는 것이었다. 일본 여행사에 부탁해서 승현이가 묵을 숙소를 알아보고, 승현이에게 일본대사관 가는 길과 임시 여권을 발급하는 방법을 가르쳐 주었다.

"선생님, 너무 걱정 마세요. 잘 해보겠습니다."

이렇게 말하는 승현이지만 겨우 중학생인데 타국에 혼자 남겨두고 떠나자니 걱정스러울 수밖에 없었다. 다행히 한자 준2급 자격증이 있는 승현이는 일본의 한자식 표지판을 읽을 수 있다면서 오히려 나를 안심시켰다.

나는 승현이를 믿기로 했다. 또래 아이들에 비해 대처 능력도 뛰어나고 리더십이 있는 승현이기도 했고, 달리 더 좋은 방도가 있는 것도 아니었다. 하지만 승현이 혼자 일본에 두고 떠나자니 한없이 마음이 무거웠다. 부산행 배 안에서 승현이 걱정이 내내 이어졌지만 딱히 할 일도 없었다.

그 다음날 오전, 부산에 도착하자마자 우리 일행에게 전해진 승현이의 소식은 그날 저녁 비행기 편으로 김해공항에 도착한다는 것이었다.

"선생님, 이번 여행은 정말 유익했습니다. 또 다시 일본에 가고 싶어요."

어느덧 공항에 도착한 승현이의 목소리였다. 얼마나 반가웠는지 모른다. 게다가 다시 일본에 가고 싶다고 했다.

오사카공항에서 우리 일행과 헤어진 승현이는 지역 지도를 가지고 물어물어 오사카 한국대사관을 찾아갔다고 한다. 거기에서 승현이가 잃어버린 여권이 오사카 변두리 기차역에서 보관하고 있다는 소식을 듣고 그곳에서 여권을 찾아 다시 오사카로 돌아왔다고 했다.

그 다음날 새벽까지 오사카 시내를 돌아다니면서 여러 경험을 했다는 승현이. 식당에서 혼자 식사를 하고, 도톤보리 게임장에도 들렀다. 다음날은 간사이공항 출국장까지 지하철로 이동한 다음 비행기표를 발권하여 혼자 김해공항에 도착했다. 이 모든 상황을 스스로 판단하여 온전히 혼자 해냈다는 게 믿겨지지 않을 만큼 놀라웠고, 그런 승현이가 자랑스러웠다.

또한 김해공항에 도착했을 때는 돈 한 푼도 없어서 어떤 마음씨 좋은 할머니에게 교통비를 얻어 포항으로 돌아올 수 있었단다. 실제로 그 돈을 다시 갚으려고 할머니께 부탁한 것인데 우여곡절을 듣게 된 할머니께서 그냥 주셨다고 한다.

"선생님, 엄청 다리가 아팠지만 진짜 재미있었습니다. 또 가고 싶습니다. 일본에서 대학 생활을 해야겠다고 다짐했구요."

2년 후 그날의 다짐대로 승현이는 일주일 간 도쿄 배낭여행을 다녀왔다. 나는 승현이가 혼자 여행을 가겠다고 했을 때 잘 할 거라고 믿었다. 두 살이나 더 어릴 때에 여권을 분실한 상황에서 침착하게 극복해낸 승현이었기에 혼자 도쿄여행에 도전할 수 있었을 것이다. 이미 자신감을 얻은 승현이에게는 어렵지 않은 선택이었다.

그날 오사카여행의 사고(?)를 통해 일본에 남아 1박 2일을 경험한 중학생 승현이는 그후 더 성숙해졌을 것이고, 혼자만의 배낭여행을 도전하는 멋진 친구로 변화시켰다.

요즘 아이들에게는 예상하지 못한 환경이 갑자기 주어지는 경우는 드물다. 아침부터 밤 늦은 시간까지 집과 학교, 혹은 학원을 오가며 빽빽한 학업 스케줄을 이어간다. 가족여행조차 쉽게 허락되지 않는 게 현실이다. 그러니 낯설고 새로운 충격을 경험하기는 좀처럼 어렵고, 해결되지 않는 문제 앞에 놓여지는 경우는 거의 없다. 자연히 혼자서 문제를 해결한다거나 뜻밖에 시행착오를 겪지 못한 아이들은 낯선 환경에서의 도전을 주저하고, 스스로 문제를 해결하려고 노력을 하려고 하지 않는다.

'안전한 공간에서 안전한 놀이를 할 때는 위험에 대비하지 않기 때문에 더 위험해지는 것입니다. 적당한 위험이 있는 놀이터가 더 안전할 수 있습니다'라고 한 놀이운동가 편해문 선생님 말씀을 떠올리게 된다.

안전한 집에서 여행지로 떠나는 것은 새로운 환경에 대한 탐색이기도 하고, 예상하지 못한 상황이 발생할 수 있다는 전제가 깔린 활동이다. 승현이가 오사카여행을 통해 예상치 못한 일을 만나 잘 극복했던 것처럼 지금의 십대들에게도 여행의 가치를 헤아리고, 낯선 환경에 적응하면서 도전 정신과 상상력을 키워 나갔으면 한다.

공동체를 체험하는
말, 말, 말

"역시 우리집이 최고예요."

"우리나라가 살기 좋은 것 같아요."

아이들과 함께 여행을 하는 동안 자주 듣는 소리이다. 집을 떠나면 고생이고, 불편함의 시작이다. 새롭게 보는 것, 즐기는 것, 다른 나라의 문화를 만나는 것, 다른 지역을 한번 가보는 것은 설레는 경험이다. 반면에 집보다 편안하지 않고, 몸을 더 움직여야 하고, 혼자 하는 여행이 아니라면 나 아닌 다른 사람들과 마음을 맞춰야 하는 불편함이 따른다.

특히 십대들을 위한 여행은 혼자만이 아니어서 친구, 언니, 형, 동생과 함께 어울려야 한다. 그런 어울림에 쉽게 익숙해지는 친구도 있지만 그렇지 않은 친구들도 있다. 처음 함께하는 경우라서 긴장되고 어색할 수밖에 없다. 가족이 아니기에 뭔가 예의를 갖추어야 하고 그동안 생활한 집이나 학교에서와는 달리 일종의 사회생활이기도 하다.

"선생님, 돈이 1,000엔밖에 없는데 어떡하죠? 돈을 빌려 주실 수 있나요?"

앞에서 이야기한 오사카 배낭여행의 주인공 승현이는 오사카국제여객터미널에서 여권이 없어 혼자 일본에 남아야 했는데, 수중에 돈이 없었다. 승현이는 자신의 상황을 빨리 파악하고, 내게 먼저 부탁하더니 일행인 동생들에게 돈을 빌려 달라고 했다. 모두가 공감하는 상황이었다. 비록 여행에서 처음 만났지만 승현이의 요청에 따라 조금씩 돈을 보태기 시작했고, 금세 1박 2일을 생활하기에 충분한 돈이 모아졌다.

"한국 돌아가서 다 갚아 줄게. 고마워."

단지 여행에서 만난 일행일 뿐인 친구들이 무조건 도와주고 도움을 받는다는 것, 그 도움에 대해 감사히 여기고 곧바로 응답하는 승현이, 승현이는 물론이고 일행인 친구들도 이 상황을 함께 대처하면서 함께하는 힘이 무엇인지 깨우쳤을 것이다. 또한 여행을 같이 한 친구가 위험에 처하거나 안타까운 일이 생겼을 때 어떤 마음으로 어떻게 도움을 주게 되는지, 서로 어떤 말을 하게 되는지, 돕고 위로하는 법을 배웠을 것이다.

"그 캐리어, 이번엔 내가 들어줄게."

일본이나 유럽 등 해외 배낭여행에서 남자의 힘이나 고학년생의 도움이 필요할 때가 있다. 엘리베이터가 없고 상대적으로 계단이 많은 곳에서 여학생에게는 짐을 들어줄 친구의 도움이 절실하다. 어떻게 보면 자기 짐도 무거운데, 자기 짐을 재빨리 옮기고 나서 힘들어하는 여학생, 혹은 동생들의 짐을 들어준다는 것. 불평하지 않으면서 땀을 뻘뻘 흘리며 돕는 장면을 보면서 감동할 때가 많다. 고만고만한 또래의 아이들이 남학생이라고 해서 여학생의 캐리어를 들어주는 것을 보면 의젓하고 어른스럽다.

"선생님, 이 친구가 깊이 잠든 줄 몰랐어요. 내일은 제 시간에 꼭 깨울게요."

십대와 함께 여행을 하다보면 아침에 잠을 깨우는 게 고역이다. 공동체 생활이다 보니 정해진 시간에 일어나서 밥을 먹고 함께 출발해야 하는데, 한두 명의 늦잠꾸러기로 인해 정해진 일정이 틀어질 때가 종종 있다. 잠버릇은 일상적인 습관이어서 여행 기간에 바꾸기 어렵지만, 옆에서 잠을 자는 친구가 타임키퍼(time keeper)가 되어준다면 다른 조원들에게 피해가 가지 않게 늦잠꾸러기들을 움직이게 할 수 있다.

나는 국내든 국외든 배낭여행을 하면서 간혹 자유식으로 식사할 때가 있다. 그 이유는 시간을 아끼자는 것이다. 식당이 넓거나 많은 지역이라면 괜찮지만 그렇지 않을 경우 식당을 찾아다니는 시간조차 아껴야 할 때가 있다. 그럴 때는 식당을 찾아다니느라 헤매는 시간을 줄이고 간편한 식사를 각자 해결하는 것이 효과적이다.

또 다른 이유는 아이들이 현지 음식점을 선택하고 메뉴와 값을 살펴보면서 스스로 판단하게 하고 싶었다. 국내여행 중에는 주로 시장이나 이색마을에서 자유식을 먹는데, 아이들이 그 지역의 맛집이나 그 지역 특유의 향토음식을 각자 기호대로 맛볼 수 있다.

해외여행에서 자유식 경험은 화폐 단위가 달라 아이들이 메뉴뿐만 아니라 음식 값을 직접 계산하여 지불하는 훈련이 가능하다. 영어나 일어, 중국어를 알지 못해도 바디랭귀지, 즉 손짓 발짓으로 주문하고 계산하는 모습을 보면 신기할 정도이다. 지금까지 아이들과의 여행 경험에서 현지어를 못한다고 해서 음식을 먹지 못하거나 사고 싶은 물건을 구입하지 못하는 아이는 없었다.

대개 조원이나 친구들끼리 함께 식사할 때가 많은데 이때도 무엇

상황이 너무나 급박해서 무슨 부탁을 할 정신도 없었는데,
내가 할 말과 하고 싶은 일을 그대로 헤아려 진행하는 것이었다.
승윤이는 그날의 숨은 리더였다.

을 먹을 것인지가 중요하다. 각자 입맛도 다르고 자주 가는 익숙한 분식집도 아니어서 쉽게 고를 수 있는 형편이 아니다. 특히 아이들의 먹성은 제각각이고 음식을 가려 먹기도 해서 식당을 선택하기가 쉽지 않다. 여러 가지 메뉴여서 선택의 폭이 넓다면 좋겠는데 그런 식당이 어디에나 있는 것도 아니다.

"그럼, 네가 원하는 걸 먹자. 내가 따라줄게."

어쩌다가 아이들 모두 한 식당에서 점심 식사를 하게 되면 원하는 메뉴가 각자 달라서 이걸 어쩌나 할 때가 있다.

의견의 일치가 되지 않을 때 가장 좋은 해결 방법은 한두 사람이 원하는 메뉴를 양보해야 한다. 이렇듯 여럿이 함께한다는 것은 누군가를 위해 양보하고 배려해야 가능하다는 것을 일깨우기도 한다.

"선생님, 우리 조의 진짜 조장은 영희였어요."

지방에서 서울로 배낭여행을 갔을 때의 일이다. 여러 지역의 아이들이 함께하는 여행이어서 조장은 대개 고학년에게 맡기는 경우가 많다. 그러나 고학년이라고 해서 리더십이 있는 것은 아니어서 시행착오를 겪곤 한다. 한번은 그 조는 중학생 조이고, 중1과 중2 학생이 많아서 중3 남학생을 조장으로 세웠는데, 조장이 역할을 하기에는 부족했다. 길 찾기도 잘 못하고 리더십을 발휘하기에는 역부족이었다. 길을 찾아 헤매는 일이 두어 차례 반복되자 그 조원 중에 중2 여학생이 나섰다.

"오빠, 이 길로 가면 되잖아."

그애는 조장이 길을 헤맬 때 길을 찾아 조장에게 알려주었고, 친구들과 친하게 지내면서 중1 동생들도 잘 챙겨주었다고 한다. 1박 2일의 일정이 끝나고 소감문을 발표하면서 그 조의 진짜 조장은 바로 그 중2 여학생이라고 했다. 리더가 모든 것을 잘 하면 좋겠지만 그렇지 않을 때라도 조원이 함께 협력하여 그 조를 잘 리드한 사례였다. 아이들은 한 여학생의 헌신에서 그 방법을 배울 수 있었다.

리더십을 떠올리면 잊히지 않는 사건이 있다. 캄보디아 봉사 배낭여행을 떠났을 때였다. 씨엠립 봉사활동을 마치고 한국으로 돌아오기 위해 씨엠립국제공항에서 출국 절차를 밟고 있었다. 짐 검사와 신체검사를 마치고 출국 심사대로 가려는 순간, 갑자기 누군가가 소리쳤다.

"선생님, 철수가 보이지 않습니다."
"아니, 뭐라고? 인원 점검할 때 있었잖아."

아이들 한 명 한 명을 다시 호명하면서 확인한 후에도 그 아이만 보이지 않았다. 잠시 기다렸지만 그애는 나타나지 않았다. 결국 아이들을 그 자리에 있으라고 하고 그애를 찾아 나섰다. 박물관이라면 한정된 공간이어서 찾을 수 있다지만, 공항에서는 마음대로 다닐 수도 없었다. 이미 나와 학생들 절반 이상은 여권 심사를 마치고 게이트를 넘어와 있었던 것이다. 나머지 아이들만 심사를 기다리고 있던 상태였다.

그리 넓지도 않은 제한된 공간에는 다른 여행객들이 계속해서 밀려오는데, 아이들도 지켜야 하고 행방이 묘연한 그애를 찾아야 하는 상황이 벌어졌다. 어떻게 하지 고심하고 있는데, 중3 승윤이가 갑자기 아이들을 모으기 시작했다. 내가 어떤 지시를 내린 것도 아니었다.

"얘들아, 저 벽 쪽에서 세 명씩 줄서서 앉자. 선생님이 철수를 찾으러 가셔야 하니까 가만히 떠들지 말고 기다리자구!"

승윤이는 어느새 아이들을 인솔해서 벽 쪽으로 가는 것이 아닌가? 당시 상황이 너무나 급박해서 무슨 부탁을 할 정신도 없었는데, 내가 할 말과 하고 싶은 일을 그대로 헤아려 진행하는 것이었다. 승윤이는 그날의 숨은 리더였다.

나는 아이들을 승윤이에게 맡기고 공항직원에게 상황을 설명하고 다시 심사대 안으로 들어갔다. 다행히 그애는 공항 화장실 입구에 있었다. 심사대로 오는 도중에 화장실에서 볼 일이 너무 급해서 아무에게도 말도 못하고 얼른 다녀오겠다고 생각했다가 헤매게 된 것이다. 마음 같아서는 금방 일행을 찾을 것 같았다고 했다.

그애를 찾아서 다시 심사대로 올 때까지 수많은 여행객들이 오가는 사이에 우리 아이들은 벽 쪽에 가만히 줄지어 앉아 있었다. 그때의 기억은 아직도 잊을 수가 없다. 아이들도 승윤이 말에 따라주어서 고맙고, 승윤이의 순발력 있는 리더십이 진짜 멋있었다.

리더는 누군가가 시켜서 되는 것이 아니라 이같이 공동체의 위기를 얼른 파악해서 문제를 최소화하려는 노력이 있어야 한다는 것을 승윤이에게서 배울 수 있었다.

지갑을 잃어버렸어도 괜찮아

여행 프로그램을 통해 변화되고 꿈을 찾아가는 아이들, 그 가슴 벅찬 일들을 만나게 될 때가 점점 많아진다. 집 나가면 고생이라고 하지 않던가. 특히 해외에서 예측할 수 없는 갑작스런 상황에 놓이기도 하는데, 현지의 변수를 직면하면서 아이들 스스로 극복하는 모습에 감동하고, 시행착오를 겪는 과정에서 아이들에게 잠재된 또 다른 가능성을 발견하기도 한다. 때로는 사소한 경험이 미래를 향해 도전하게 한다는 것을 알 수 있었다.

민승이가 바뀌다

부모님이 사업을 하는 민승이는 초등학교를 다니면서 여러 차례

전학을 하게 되어 친밀하게 지내는 또래 친구가 많지 않았다. 온순하고 조용한 민승이의 그런 성품이 간혹 놀림감이 되기도 했다.

민승이가 새로운 학교로 전학한 지 얼마 되지 않아서였다. 부모님께서 내게 민승이를 부탁하셨다. 일하느라고 바빠 주말에도 가족이 함께 지낼 수 없는 처지라면서 아들을 여행 프로그램에 참가하게 하셨다.

"우리 아이가 실수하는 일이 많을 겁니다. 잘 부탁드립니다."

민승이는 여행 내내 혼자 지내다시피 했다. 대부분의 남자 아이들은 처음 만나더라도 금방 친해지는 편인데 그렇지 못했다. 게다가 여행 중에 지갑을 잃어버려 간식도 사 먹지 못했다는 얘기를 나중에 어머니에게 듣고는 몹시 안타까웠다. 집으로 돌아갈 때까지 아무에게도 말하지 못했다고 한다.

"그래도 재미있었다고 해요, 다음 여행에도 민승이를 부탁드립니다."

지갑을 잃어버린 민승이가 마음 고생을 심하게 했다는 말에 다시 못 만날 줄 알았는데, 그후에도 나와의 여행이 계속 되었다. 여전히 혼자였고 또래 여자애나 동생에게 놀림을 당하기도 했지만 여행을 멈추지 않았다. 시간이 흐를수록 여행의 참맛을 느끼는 것 같았다.

그 사이 민승이는 변화되고 있었다. 의사 표현도 분명하고 활동적이었다. 소극적이고 말이 없던 아이가 이처럼 변화될 거라고는 아무도 상상하지 못했다.

그 후에 해외여행 프로그램에 참가하겠다고 했을 때 민승이에 대해 마음이 놓였다. 활동적일 뿐만 아니라 새로운 세계에 대해 도전하겠다는 의지였다. 해외에서 또 지갑을 잃어버렸으나 이번에는 스스로 잘 대처했다. 해외여행은 물론이고, 지갑을 잃어버린 일까지 좋은 경험이었다는 부모님 말씀에 보람을 느꼈다.

중학교에 진학 후에도 민승이는 새로운 환경에 잘 적응할 뿐더러 새로운 친구들과도 적극적으로 어울렸다. 그처럼 소극적이고 말이 없었던 아이가 '활동적'이라는 평가를 받았다고 한다. 이러한 변화를 전하는 어머니의 목소리는 그 어느 때보다 밝았다. 민승이를 거듭 부탁하실 때의 초조하고 불안한 모습은 더 이상 찾아볼 수 없었다.

진로를 정하기까지

"여행 이야기는 할머니들이 가장 좋아합니다."

"다들 민용이가 여행 다녀 오기를 기다립니다."

바닷가 마을에서 살아가는 민용이의 부모님은 역사나 지리에 대해 관심이 없었지만 민용이가 들려주는 여행 이야기를 좋아하셨다. 처음에는 여행 프로그램을 낯설어하던 민용이는 횟수가 늘어갈수록 점점 역사에 대한 흥미가 높아지면서 다른 여행 프로그램에도 참여하기 시작했다.

역사여행 프로그램은 삼국시대의 신라 백제 역사와 더불어 조선의 발자취에 이르기까지 서울의 유적지도 탐방하면서 활동하고 있어서 여행 영역이 폭넓고 다양했다.

민용이가 프로그램에 참여하던 초기에는 역사에 대한 관심이 없었다. 그저 떠들거나 장난치면서 건성으로 참여하더니, 중학교를 졸업하고 고등학교에 입학하면서 변화하기 시작했다. 학교에서 주도적으로 역사 동아리를 만들기도 하고, 다양하게 활동을 하더니 대학교를 역사학과로 진학한 것이다.

입시 공부를 하면서 진로와 전공에 대해 민용이의 기준이 된 것은 초등학교 때부터 참여했던 역사여행 프로그램이었다고 한다.

베니스에서 60분, 딱 그 시간!

서유럽 배낭여행 중에 베니스에서 있었던 일이다.

"얘들아, 이제 기차에서 곧 내릴 거니까 출입구 근처에 있어야 해."

섬 베니스에서 일정을 마치고 산타루치아역에서 육지 베니스로 이동하려면 기차를 타야 했고, 기차는 정시보다 10분 늦게 출발하였다. 우리는 육지 베니스에서 피렌체 행 기차를 탈 계획이었다.

조금 늦긴 해도 10분이면 도착할 것이고, 숙소도 역 근처여서 그다지 문제될 것이 없었다. 1시간 정도 여유 있게 비워둔 일정이어서 10분 정도 기차가 연착한다고 해도 괜찮았다. 애초의 계산대로라면 육지 베니스에서 피렌체 행 기차를 타기까지 60분이 남아야 하는데 50분의 여유가 있는 셈이었다. 그런데 10분이 지나면 육지 베니스의 메스테레역에서 내려야 하는데, 갑자기 우리 칸의 출입문이 꼼짝도 하지 않았다.

"선생님! 문이 안 열려요!"

"애들아, 힘껏 당겨 봐."

이런 일이 생기다니. 너무 당황스러워서 문을 두드리고 고함을 질렀지만 아무 소용이 없었다. 아무리 힘껏 당겨도 문은 열리지 않았고, 기차는 우리 일행을 태운 채 출발하고 말았다. 나와 중학생 10명, 그러니까 11명에게 벌어진 사건이었다.

'세상에, 이런 말도 안 되는 일이? 기차 출입문이 열리지 않는 일이 생길 줄이야.'

그 말도 안 되는 기차는 우리가 내렸어야 할 메스테레역을 떠나 이탈리아 북부 쪽으로 마냥 달리고 있었다. 20분 정도 달렸을까? 기차는 다음 역에 정차했고, 서둘러 아까 출입문의 반대편으로 하차한 우리 일행은 건너편에서 되돌아갈 기차를 기다렸다.

다행히 기차가 도착하기까지 25분이 남아 있다고 표시되어 있었다. 그런데 또 다른 문제가 기다리고 있었다. 역에서 숙소까지 다녀올 시간이 부족했던 것이다. 결국 육지 베니스 메스테레역에 도착하자마자 짐을 가지러 부리나케 숙소를 다녀왔지만 피렌체 행 기차를 놓치고 말았다.

너무나 허탈했다. 그렇다고 넋 놓고 있을 수도 없었다. 고장난 기차의 출입문 탓이니 100% 환불을 받아내야 하는 것이다. 같은 상황에 놓였던 이탈리아인들에게 환불할 때 우리 일행에 대해 증언해 달라고 부탁했지만 어느 누구도 도와주려고 하지 않았다.

나는 기차매표소에서 온갖 단어를 동원해서 설명하고 나서야 겨우 다음 기차를 탈 수 있었다.

"애들아, 배고프지? 피렌체에서 이탈리아식 저녁 식사를 하려고 했는데 이런 상황이 벌어졌어. 햄버거를 먹어야 하는데 미안해서 어떡하지?"

"괜찮습니다. 선생님, 힘드시죠!"

아이들은 내가 환불을 위해 오피스에서 일을 처리하는 동안에도 차분히 짐을 지키고 있었고, 오히려 나를 위로했다. 이런 어이없는 상황을 겪은 아이들도 몹시 긴장했을 텐데 말이다.

시간이 부족해져서 여유 있게 저녁 식사를 할 수 없어서 하는 수 없이 점심에 먹었던 햄버거를 또 먹었지만 한 녀석도 투정하지 않았다. 여행 중에 너무 덥다면서 투덜대던 녀석들이었는데 말이다.

그런 아이들을 보면서 피로와 긴장이 사라지고, 고맙고 사랑스러웠다. 짧은 시간이지만 생각지도 못한 상황이 아이들을 한층 성숙하게 만든 것 같았다.

60분을 여유있게 비워두고 활동했는데, 기차 출입문 사건(?)으로 예기치 않게 시간을 소비한 시간이 딱 그 시간이었다. 섬 베니스에서 출발할 때 기차가 연착하여 10분, 기차 출입문 고장으로 메스테레역을 지나쳐 되돌아오기까지 40분, 기차를 기다리는 5분과 환불을 위해 발을 동동 구르던 5분까지, 정말 한 치의 에누리 없는 60분이었다.

진짜 배낭여행의 시작

"선생님, 저 혼자 유럽으로 배낭여행을 가려는데, 도와주세요."

초등학교 때, 중학교 때 여행 프로그램에 참가했던 진우는 입대하기 전에 유럽 배낭여행을 하고 싶다고 했다. 혼자 장소와 일정, 비용이나 준비물 등을 챙기려니 힘들었는지 내게 도움을 요청했다. 직접 만나 간단하게 상담하고 나서 카카오톡을 통해 지속적으로 필요한 내용을 나누었다.

그렇게 준비를 마친 진우는 드디어 유럽으로 20일 간의 배낭여행을 떠났다. 첫 여행지는 네덜란드였는데, 3일째 잘 지낸다는 메시지였다. 은근히 대견한 마음이 들었는데, 얼마 지나지 않아 다급한 문자가 도착했다.

"선생님, 큰일났어요! 저란 놈은 왜 이 모양인지 모르겠어요."

나를 완전히 긴장하게 만들었다. 모든 짐이 담긴 캐리어를 잃어버렸다고 했다. 네덜란드에서 마지막 날, 암스테르담역에서 파리 행 기차를 타야 해서 가방을 보관함에 맡겼는데, 일정을 마치고 보관함을 열자 가방이 없었다는 것이다.

게다가 스케줄이 빠듯해서 캐리어를 찾기 위해 상황을 정리할 시간이 부족했다. 곧장 파리로 이동해야 해서 더 이상 암스테르담역에서 지체할 수 없었다. 다행히 가지고 있던 작은 가방에 여행비 절반의 현금과 신용카드, 무엇보다 여권이 있어서 파리로 이동하는 데는 문제될 것이 없었다.

나는 진우에게 문자를 보냈다.

"이제 진짜 배낭여행이 시작된 거야."

"옷은 다시 사고. 배낭족은 속옷도 자주 갈아입지 않아."

진우는 파리에 머무는 3일 동안 줄곧 문자가 오더니, 이탈리아로 이동한 후에는 위치를 묻는 문자도 차츰 줄어들었다. 타국에서 혼자 고군분투하는 진우에게 도움을 주고자 했지만, 그리스 아테네로 이동하더니 소소한 문자마저 보내지 않게 되었다. 아마 혼자 해결해야 한다는 것을 스스로 깨달은 듯했다.

해외에서 캐리어를 도난당한 진우로서는 그 상황이 몹시 당황스러웠겠지만, 이런 경우 가능하면 빨리 처해진 환경에 적응해야 한다. 더구나 혼자 떠난 배낭여행에서는 누구보다 자신을 믿고 나아갈 길을 선택하는 것 외에 달리 방법이 없다. 스스로 대처하다보면 자연스럽게 용기가 생기고 도전하게 된다.

경험하는 즐거움

여행지 중에 강화도에서 1박 2일이 가장 기억에 남는다. 어릴 적부터 한번도 가족 품을 떠나 혼자 잔 적이 없던 내게 낯선 친구들과의 1박 2일은 두려움과 설렘으로 다가왔다.

한편 나 혼자 여행을 가라던 부모님이 원망스럽기도 했지만 그 여행을 통해 무엇이든 할 수 있다는 자립심과 자신감, 그리고 낯선 아이들과 친구가 되어가는 값진 경험을 했다. 그때의 자립심은 이후 중고등학교, 더 나아가 성인이 되어 대학생활에까지 깊숙이 녹아들어 힘이 되어준다. 또 실제로 보고 걷고 쓰면서 배운 현장 학습은 학교 수업에도 자신감을 주었다.

김태욱, 세종대학교 역사학과

청소년기에 비교적 여행을 많이 했다. 그 중 독일의 뮌헨이 가장 좋았다. 그곳은 내가 상상한 독일에 대한 느낌을 그대로 나타내고 있는 도시였다. 새로운 건물과 유적지가 공존하고 활기차면서 정갈한 분위기가 인상적이었다.

국내여행이든 해외여행이든 나에게 시야를 확장시키는 영향을 주었다. 진로와 적성에 대해 한창 고민하던 중학교 때 유럽을 다녀온 후, 나는 더 넓은 곳을 보았고, 내가 원하는 대학교가 우리나라 외에 해외에도 있을 수 있다는 것을 깨우치기도 했다.

실제로 대학에 입학한 후, 단기 교환학생 프로그램에 참여하여 미래에 독일 기업과 미국 기업에서 일하고 싶은 계획을 가지고 있다. 여행이 단순히 즐기는 관광이기도 하지만 나에겐 자신의 능력과 기회를 확장시키는 계기였다.

김현정, 부산대학교 재료공학부

프랑스 소설가 마르셀 프루스트는 『잃어버린 세계를 찾아서』에서 '진정한 여행은 새로운 풍경을 보는 것이 아니라, 새로운 눈을 가지는 데 있다'라고 했다. 중학생 때 2주간의 유럽 여행은 세상에 대해 새로운 눈을 뜨게 했다. 지금까지 보고 듣고 자란 세계와는 너무나 다른, 영화나 책 속에서 보았던 풍경을 직접 내 눈으로 보던 그 순간의 전율은 아직도 짜릿하다.

〈아이체험여행〉이 더 좋았던 이유는 자칫하면 그저 선생님을 따라 친구들과 함께 해외를 다녀오는 경험 정도일 수 있지만, 미리 여행지에 대해 관련 역사서를 읽고, 여행서를 읽고, 영화를 보면서 사전 공부를 한 덕분에 관광이 아닌 여행을 하고 돌아온 느낌이었다.

사전 조사에서 내가 맡은 내용은 '르네상스'였고, 레오나르도 다 빈치의 〈모나리자〉나 미켈란젤로의 〈천지창조〉 천장화 같은 명작은 메디치 가문 이야기 등 명화 관련 배경 지식과 맞물려 더욱 인상 깊게 다가왔다. 이 여행 이후 여

행 자체를 사랑하게 되었고, 언제나 버킷리스트 1위는 '여행'이 되었다.

대학생인 지금도 아직 많은 나라를 가보지 못했지만 방학 때마다 학기 중에 모은 용돈으로 여행을 떠났으며, 앞으로도 그럴 계획이다. 한 번 경험한 새로운 시각이 나를 또 다른 시각에 대한 소망으로 이끌었기 때문이다. 중학생 이후로 몇 년이 지난 지금도 이런 행복의 시작을 제공한 선생님께 항상 감사한 마음이다.

장지은, 서울대학교 치의학과

나의 두 번째 해외여행은 유럽 배낭여행이었는데 기간도 길고 먼 나라여서 상상도 하지 못한 일이었다. 그래서인지 공항에서 비행기가 이륙할 때는 설레기보다 걱정스럽고 두려웠다.

처음 만난 일행들도 낯설었다. 하지만 함께 다니면서 밥도 먹고, 공부하면서 친해졌고 함께 한 또래와 동생들 덕분에 여행의 두려움은 금세 사라졌다. 그 후로 유럽 사람들에게 적극적으로 말을 걸기도 하면서 여행이 차츰 편안해졌다.

유럽 배낭여행은 처음 다녀온 중국 패키지여행과는 다르게 그 나라의 버스와 지하철을 타고 현지인들이 가는 식당과 카페에서 밥을 먹고, 상점에서 쇼핑을 하면서 그 나라의 문화를 경험하고 즐길 수 있었다. 해외여행의 두려움은 사라지고 자신감이 생겼다.

낯선 환경에 대해 소극적이었던 내가 이번 여행 후 적극적으로 무엇이든 도전하고 싶어졌다. 또 다른 나라의 문화를 경험하는 즐거움, 세계의 여러 나라 문화에 대한 호기심은 긍정적인 자극이 되었다. 단순히 구경이 아니라 여행지의 역사를 알고, 무엇보다 내가 직접 느낌으로써 그 나라의 문화를 알고 관심을 가지는 계기가 되었다.

이주희, 대구 강북고등학교

PART 3

십대의 체험은 다르다?

진정한 여행이란 새로운 풍경을
보는 것이 아니라 새로운 눈을
가지는 데 있다.

마르셀 프루스트

대전에서 전주,
1박 2일

"선생님, 동대구역에 도착했는데 어디 계세요?"

중학생 영은이가 부산에서 기차 타고 왔다면서 전화를 했다.

대전-전주 배낭여행을 함께하기로 한 아이들이 모이기로 한 약속 장소 동대구역에 속속 도착하기 시작했다. 많은 학생들과 함께하는 배낭여행을 앞두면 이런저런 점검을 하면서 걱정이 되지만, 이번에 어떤 아이들을 만나게 될까 하는 기대와 설레임이 공존하는 시간이었다.

영천, 창원, 부산, 구미, 경주, 포항 등에서 참여하겠다고 신청한 중고등학생들이 모두 동대구역에 모였다. 인원 파악이 끝났고, 대전 행 기차는 드디어 출발했다. 일행들이 기차 안에서 한참 수다를 떨고 있을 때, 미리 만들어 둔 카카오톡 단체방에 미션을 남겼다.

"대전역 중심으로 조별로 어디로 이동할 것인지 검색하여 발표하기."

"중앙시장에서 카이스트대학교까지 대중교통 이용 방법 찾기."

"상품은 조원 전체에게 택시비 지원."

아이들 대부분은 어디든지 앉기만 하면 스마트폰을 꺼내 본다. 기차여행 중에는 다른 여행객의 편의를 위해 크게 떠들며 공지할 수도 없어서 스마트폰은 유용한 소통 수단이기도 하다. 카카오톡 단체방에서 미션을 제시하고 각자 검색하여 공유하도록 공지한다. 누가 먼저 공유할지 경쟁심이 생기기도 하고 동시에 서로를 결속시킨다.

"난 밥 종류를 먹고 싶은데?"

"그럼, 가위 바위 보로 정할까?"

대전역 근방 대전중앙시장에서 조별로 자유식을 먹기로 했는데, 남학생 2개조는 서로 자신이 원하는 것을 먹겠다고 양보하려고 하지 않아서 결국 조장이 중재에 나섰다. 결국 그 조는 조장의 권위에 따라 민주적인 가위 바위 보로 모두 냉면을 먹는 것으로 해결했다. 다른 조원들도 별다른 의견 충돌 없이 자유식을 먹었다.

대개 지정된 식당에서 한 가지 메뉴를 정해 식사하기도 하지만, 각자 자유식으로 선택하여 먹자고 하면 오히려 당황스러워하는 모습이다. 어디에서 어떤 일이든 선택하는 것도 힘이다. 조별로 의논하여 결정하는 것도 새로운 경험일 것이다.

"대전교육박물관으로 각 조별로 이동해서 1시까지 도착하세요."

"네? 우리끼리요?"

카카오톡 단체방에 또 다른 미션을 제시했다. 아이들은 대전 행 기차 안에서 미리 동선을 검색했지만 실제로 미션이 주어지자 어쩔 줄 몰라 했다. 단체방에서 난리가 났다. 가는 방법을 가르쳐 달라기도 하고, 계속 이동하면서 여기가 어디냐고 묻기도 했다.

전원 통제하며 한 가지 방식으로 아이들을 인솔한다면, 아이들이 우왕좌왕하지도 않고 이런 질문을 하지도 않을 것이다. 나 또한 사소한 것까지 일일이 대답해야 하는 번거로움도 없을지도 모른다. 하지만 이러한 체험을 하면서 성장해야 한다고 믿는다.

중앙시장에서 교육박물관까지 약 800미터 정도여서 사실 그다지 먼 거리가 아니었다. 다만 대전이 처음이고 인솔자 없이 이동한다면 나름대로 불안할 수도 있었을 것이다. 약속 시간인 오후 1시에 집결 장소로 가자, 예상대로 한 조도 늦지 않고 모여 있었다. 대견스러웠다.

우리는 차질 없이 교육박물관에서의 프로그램을 진행하고 은행동으로 이동했다. 인터넷에서도 유명한 빵집 성심당에서 빵을 먹기도 하고, 하루 일정의 마지막 방문지인 대전역의 청소년위캔센터에 모였다.

청소년위캔센터에서는 클라이밍을 체험하기로 했다. 먼저 초보 코스에서 충분히 연습을 하고, 조금 더 어려운 코스로 이동해서 아이들에게 미션을 주었다.

"끝까지 올라가서 종을 치면 그 조원은 모두 카이스트까지 택시 태워준다."

"선생님! 정말 손이 부러질 것 같아요."

"못 내려가겠어요."

그때가 5월이었는데도 여름철같이 무더웠다. 애초의 계획은 미션을 잘 수행한 한두 조만 택시를 태워줄 생각이었는데, 날씨가 더워져서 모두에게 혜택이 가도록 미션을 다시 수정하였다.

이미 날씨 탓에 지쳐있는 아이들에게는 '택시'만으로 해결될 정도로 미션이 만만하지는 않았다. 클라이밍을 처음 경험하는데다가 상대적으로 체력이 약한 여학생에게는 더 무리인 것 같았다.

그런데 아이들이 의욕적으로 움직이기 시작했다. 집으로 돌아가는 길을 버스나 지하철을 탈 것인지, 택시를 타고 갈 것인지 선택의 기로에서 뜻밖에 조원끼리 단합을 하더니 서로서로 응원하는 것이 아닌가.

그러던 중에 여학생 한 명이 올라가다가 정상 부근에서 멈추더니 울고 있었다. 더 이상 힘들어서 올라가지도 못하겠고 내려가자니 힘들게 오른 것이 아쉬웠던 것이다. 그러자 친구들의 응원 소리가 들려왔다. 결국 클라이밍 조교 선생님의 도움을 받으면서 눈물을 머금고 안간힘을 다해 올라가더니 종을 친 것이다. 너무 힘들고 겁이 났지만 조원 중에 아무도 성공하지 못해서 자기라도 꼭 성공하겠다는 성취욕이 생겼다고 한다.

십대들에게 어려운 상황이 닥쳤을 때 교훈적인 말 한마디나 교과서에 나오는 훌륭한 문장보다 친구들의 응원이 필요하다. 서로 응원하자 공동체 의식이 한층 더 자란 것 같았다.

십대들에게 어려운 상황이 닥쳤을 때
교훈적인 말 한마디나 교과서에 나오는 훌륭한 문장보다
친구들의 응원이 필요하다.
서로 응원하자 공동체 의식이 한층 더 자란 것 같았다.

"선생님, 거짓말이시죠?"

"진짜야! 며칠 전에 예매했는데도 여행객이 많아서 좌석표는 매진, 입석도 겨우 구했어."

둘째 날 일정이 시작되었다. 전주로 가는 기차를 타기 위해 서대전역에 도착했다. 좌석을 예매하지 못했다는 내 말에 아이들의 표정이 어두워졌다. 전주 행 기차 안에서 좀 쉬면서 가려고 했는데, 자리가 없어서 서서 가야 한다고 하니 막막한 모양이었다.

전주를 찾는 여행객이 많아서인지 좌석은 벌써 매진이 되었다. 입석으로 기차를 타 본 적이 없는 아이들은 어디에 서 있어야 할지 걱정이 이만저만이 아니었다. 하지만 기차가 출발하자 언제 걱정했냐는 듯이 각자 편하고 좋은 자리로 찾아가기 시작했고 여학생끼리, 남학생끼리 적당히 모여 앉아서 놀고 있었다. 그러다가 빈자리가 보이면 경쟁을 하듯 뛰어가서 자리 차지를 하는 즐거움도 있었다. 그렇게 1시간 30여 분이 흐르자 전주역에 도착했다.

"1000번 버스가 독특하게 생겼다고 해요. 그 버스를 타요, 선생님?"

전주로 오는 기차 안에서 중2 준혁이가 한 말에 인터넷으로 검색해 보니 선비 모양을 한 독특한 버스가 있었다. 우리 일정에서 첫 번째 코스인 서학동예술마을은 그 버스가 지나가는 노선이기도 했다. 차 시간에 맞추면 탈 수 있겠다고 생각하고 기다리는데, 정말 우리가 기다리던 선비 모양의 빨간 명품 시내버스 1000번이 들어오고 있었다.

아이들은 함성과 함께 버스에 올랐고, 프로그램의 첫 번째 코스인 서학동예술마을에 도착했다. 마을은 골목골목마다 예쁜 벽화가 많아서 여행객의 블로그 포스트에 많이 소개되고 있었다. 아이들은 간식 미션 인증샷을 찍으며 본격적인 골목투어를 시작했다. 그리고 벽화마을에서 조금 떨어진 전주남부시장에 도착했다.

"점심을 먹고 여기서 가까운 전주한옥마을에서 각자 미션을 수행한 다음 오후 3시에 전동성당 앞에서 모이자!"

남부시장에서 한옥마을은 가까웠지만 시장 근처 골목을 따라 찾아가기가 쉽지 않았다. 하지만 아이들은 낯선 환경임에도 사람들에게 물어물어 길을 잘 찾았고, 점심을 먹고 나서 한옥마을 주변을 둘러보며 몇몇 짝을 지어 걷는 모습이 여유로워 보였다. 수시로 인증샷을 올리자 학부모들의 댓글이 이어졌다.

"우와! 정말 예쁜데요? 대박이에요 선생님!"

"선남선녀네요"

"아이들이 집에 오기 싫어하겠어요."

전주한옥마을의 체험거리 중에서 한복 체험하기는, 외국인은 물론 우리 아이들에게도 가장 인기 있는 체험이었다. 이 프로그램을 계기로 처음 만난 아이들이 한복을 입고 함께 찍은 인증샷이 다들 예쁘다고 학부모님이 얼마나 좋아하셨는지 모른다. 한창 풋풋한 십대들이 한복을 입은 모습이 얼마나 예뻤겠는가? 그 모습은 전주 한옥마을의 고풍스런 풍경과 잘 어우러져 더 예쁘고 아름다웠다.

"너희들 알아서 잘 갈 수 있겠지?"

"이 정도는 우습지요."

전주한옥마을에서 모든 일정이 끝나자, 아이들은 집으로 돌아가기 위해 시외버스정류장에 모여 마지막 인사를 나누었다. 이 프로그램은 동대구역에서 시작했지만 전주에서 마무리했다.

전주에서 아이들 각자 집으로 돌아가는 버스편을 미리 예매해 주었다. 아이들은 모두 헤어졌지만 1박 2일의 아쉬움은 단체방 톡으로 이어졌다. 그밖에 인증샷들도 올려주자 각자 집으로 돌아가는 버스 안에서 여행의 뒤풀이가 계속 되었다.

부모님 없이 낯선 친구과 함께 기차를 타고, 버스를 타고, 자유롭게 식사와 간식을 사 먹는 여행 프로그램. 부모님들은 이제 막 중학교 신입생인 아이들이 여행 체험을 통해 부쩍 자란 것 같다며 흐뭇해하셨다. 아이들은 다리는 무척 아팠지만 또래들과 함께하는 즐거움이 더 컸다면서 후일담이 이어졌다.

대전- 전주 1박 2일

대상 중학교 1학년~고등학교 1학년

지역 영천, 포항, 경주, 부산, 창원, 김해, 구미 등에서 참가한 30명

주요 일정 **1일차** 동대구역 → 대전역 주변(대전 중앙시장 → 교육박물관 → 은행동 시내 → 대전 청소년위캔 센터) → 카이스트대학교 탐방 → 멘토링 → 숙소
2일차 숙소 → 서대전역 → 전주역 → 서학동예술마을 → 전주남부시장 → 전주한옥마을 → 각자 집으로

밤새 기차를
타고 떠나는 거야

"밤 기차를 탄다구요?"

"그럼, 언제 출발하나요?"

"잠은 숙소에서 자는 거 아닌가요?"

이름 하여 무박 3일의 여행이 시작되었다. 어른들도 경험하기 어려운 무박의 밤기차 여행 프로그램에 대해 아이들의 질문이 쏟아졌다. 이번 찾아가는 곳은 정동진과 강릉이었다.

새벽 0시에 출발하는 무궁화호 기차를 타기 위해 11시 40분에 동대구역에 모였다. 부산에서 출발해서 동대구역을 거쳐 구미와 영주를 지나 종점인 정동진역에 도착하면 아침이었다.

"잠을 좀 자야 내일 일정을 즐길 수 있단다."

하지만 아이들은 친구들끼리 출발한 이 특별한 여행에 대한 호기심으로 잠을 자려고 하지 않았다. 대개 출발한 지 2시간 정도 지나면 잠이 들기도 해서 더 이상 잠을 자두라고 관여하지 않았다.

밤새 달린 기차는 정동진역에 도착했다. 아이들에게 일출 장면을 정동진에서 보게 하려고 했지만 여름철이라서 그랬는지 벌써 해가 수평선에서 한참이나 올라와 있었다.

"자, 이제 아침 미션이다."

"아침 미션에 따라 식사의 종류가 달라지니까 열심히 하도록!"

정동진역 화장실에서 고양이 세수를 하고 모여 있는 아이들에게 조별 미션을 주었다. 아침을 어떻게 먹느냐가 결정되는 미션이기에 모두들 열심이었다. 다소 불만이 있었지만 미션 수행에 따라 각기 다르게 아침 메뉴를 결정하게 했다. 정동진 모래시계 공원에서 자유 시간을 보내고 나서 정동진이 훤히 보이는 선플라워호로 다가갔다.

"선생님, 너무 힘들어요."

"더워서 못 걷겠어요."

8월의 무더위가 아이들을 힘들게 했다. 모래시계 공원에서 선플라워호까지 대중교통 수단이 여의치 않아서 걸어서 올라가는 수밖에 없었다.

모두들 힘들게 올라왔지만 선플라워호의 전망대에서 바라보는 푸른 바다와 정동진 모래해변은 정말 아름답고 멋졌다. 한참 사진 찍기 좋아하는 여학생들은 예쁘고 멋진 곳을 찾아 사진을 찍었다. 기념품을 사는 친구도 있었고, 선플라워 호가 어떻게 만들어졌는지 홍보관을 둘러보는 친구도 있었다. 각기 나름대로의 방식으로 여행지의 여유로운 시간을 즐겼다.

"이제 강릉 시내로 가는 거야."

"강릉중앙시장에서 나를 찾으면 점심 보너스가 있다, 열심히 찾아봐라!"

정동진에서 강릉까지 시내버스로 이동한 친구들은 점심 식사를 위해 강릉중앙시장에 내렸다. 먼저 도착해서 아이들이 나를 찾아내도록 미션을 주었고, 아이들은 나를 찾기 위해 술래잡기의 재미를 느끼며 이곳저곳 꼼꼼히 살피며 찾아다녔다. 나를 찾느라고 시장의 구석구석을 유심히 살피기도 해서 시장 풍경을 덤으로 기억에 담았을 것이다.

마침내 규환이 조가 시장 건물 2층에 있는 나를 발견했다. 미션 수행의 포상으로 군것질용 닭강정을 선물로 주었다. 강릉중앙시장에는 가성비가 좋은 맛있는 먹거리로 가득하다. 이름난 '닭강정'도 있지만 '막국수'의 유명세도 대단하다. 시장 음식은 여행에서 만나는 보너스일 것이다.

"또 미션이에요?"

"이번에 상품은 뭐예요?"

아이들이 미션을 적극적으로 수행하게 하는데 상품만큼 영향을 주는 것도 없다. 그래서 아이들 정서에 확실히 호감을 주는 상품이 필요했다.

"이번 미션 상품은 택시비 지원이다."

무더운 날씨에 '택시비 지원'만한 상품이 있을까. 점심 식사 후 조별로 강릉 시내를 둘러보라고 했다. 강릉에 온 적이 없는 아이들에게 오죽헌, 관풍헌, 강릉성당 등을 중점적으로 다녀보라는 미션이었다. 조별 금액이 일정하게 정해져 있어서 이동 수단인 택시나 버스를 타야 하는 것이다.

아이들은 서로 인터넷 검색으로 이동 방법을 알아보고 선택했다. 가능하면 시내버스를 타기를 바랐지만, 네 명이 한 조여서 가까운 거리는 택시로 이동하는 것이 더 편하고 교통비도 저렴했다. 아이들은 의외로 지혜롭게 이동하고 있었다.

무더위에 대중교통을 이용하면서 걸어다니는 것만도 힘든데, 미션을 수행하려니 여간 힘든 게 아닐 것이다. 그렇지만 아이들에게는 미션을 수행하면서 강릉의 이모저모를 관찰하는 좋은 기회였다. 또래들끼리 낯선 곳을 찾아가는 설레임을 즐기는 듯했다.

모두 미션에 성공했다. 오후 6시에 모이기로 했는데 그보다 30분 전에 모두 모였다. 저녁 식사는 강릉에서 교동 짬뽕집에서 먹고, 강릉의 떠오르는 명소인 커피 거리에서 하루의 수고를 시원하게 하는 음료수를 마셨다. 무더운 여름날 무박 2일의 일정을 이렇게 마무리했다.

강릉시외버스터미널에서 각 지역별로 아이들을 보냈다. 대구, 부산, 포항, 경주 등 아이들이 모두 집에 도착하는 시간은 새벽 두세 시였다. 그야말로 무박 3일이나 다름없는 일정이었다.

아이들의 일상은 대개 학교와 학원을 오가며 공부하는 일이다. 그런데 새로운 곳, 새로운 시선으로 바라보는 세상은 창조의 보물창고이다. 억눌린 일상을 벗어나서 발견하는 즐거움을 경험할 때 가치와 의미를 찾아가는 힘이 된다.

정동진 강릉, 무박 3일

대상 중학교 1학년~고등학교 3학년

지역 영천, 포항, 경주, 부산, 창원, 김해, 구미 등에서 참가한 20명

주요 일정 **1일차** 동대구역

2일차 정동진역 → 정동진 모래시계공원 → 선크루즈호 → 강릉 중앙시장 → 경포대 → 오죽헌 → (강릉 시내 선택 일정) → 강릉 교동짬뽕 → 경포대 커피거리 → 시외버스터미널

3일차 각 도시별로 도착

솜사탕,
뻥튀기 사세요!

지난 십여 년 동안 여러 프로그램을 기획하고 진행했다. 그런데 유난히 이번에 준비한 '장사하기' 프로그램은 시뮬레이션을 가지고 점검한 후에 진행해야 한다는 게 기획한 선생님들의 일치된 의견이었다.

중학교 1학년은 자유학년제여서 시험 부담이 줄어들었고, 다양한 직업을 탐색하기 위해 여러 시도들이 필요했다. 자유학년제의 취지에 적합하다고 판단해서 해당 아이들을 모집했다. 내 역할은 줄이고 여행지와 할 일들을 일러주면서 독립적으로 수행하도록 했다.

포항, 경주, 대구 그리고 영천의 중학교 1학년생들이 모였고, 우리는 사전 활동 겸 조 워크를 다지기 위해 안동에서 1일 배낭여행을 다녀오기로 했다.

우리가 프로그램을 공개한 것은 사전 답사를 하고 나서 한 달 뒤였다. 이 내용을 카카오톡 단체방에 공개했고, 그때부터 조장들의 고민이 시작되었다.

"선생님, 우리가 어떤 장사는 하나요?"

"아직 구체적으로 정한 건 아니야. 너희들의 아이디어가 필요해."

학교 공부도 해야 하고, 아직 해보지 않은 일들이어서 그랬는지 카카오톡 단체방은 조용했다.

"품목은 두 가지야. 하나는 솜사탕, 하나는 뻥튀기."

"재료 구입, 가격표, 판매 및 홍보 자료 등 너희들이 각자 담당하여 만들어 와야 한다."

아이들은 품목 선정부터 힘들어해서 내가 도와주기로 했다. 가장 적은 비용으로 솜사탕 기계를 임대하고, 장사할 최적의 장소를 섭외하는 것을 맡았다. 4명이 한 조로 활동했는데, 재료 구입이나 판매 홍보를 위해 준비하는 일이 녹록하지 않았다.

일정 마감 날짜가 다가오자 비로소 단체방의 대화가 활기를 띠기 시작했다.

"솜사탕 재료 구입 완료, 스틱도 구입."

"어제 뻥튀기랑 마카롱 샀어요. 근데 좀 비싸게 산 것 같아요."

"열심히 포스트 쓰고 있어요."

이런 일에 야무지게 계획하고 준비할 수 있는 차분한 서포터가 있으면 좋을 텐데. 말보다 행동이 앞서는 십대 남자애들이 해내기에는 무리가 있지 않을까 내심 걱정스러운 상황이었다. 그래도 어설프더라도 최선을 다해 머리를 맞대고 노력하는 모습이 기특하기만 했다.

한 학생이 뻥튀기를 판매용으로 준비했다면서, 시장이 아닌 길거리 노점상에게서 샀다고 했다. 그러니 당연히 비쌀 수밖에 없었다. 한편 놀라운 것은 인터넷 쇼핑몰을 검색해서 훨씬 더 저렴하게 주문한 친구도 있었다.

"와우, 대박? 성용아, 너에게 사업가 기질이 보인다."

우리는 장사하기 프로그램의 장소를 경주 대릉원으로 정했다. 가을철이어서 여행객에게 장사하기 좋겠다는 생각이었다.

아이들과 모두 모이기로 한 시간이 되자 대릉원 매표소 앞에 하나둘 모여들었다. 조별로 뻥튀기, 포스터 등을 들고 왔다. 며칠 동안 만들었다는 POP를 코팅해서 가져오기도 했다. 처음으로 진행하는 장사 체험에 정성을 쏟았다.

그런데 아이들이 차근차근 준비하는 사이 내가 도맡은 일에 문제가 생긴 것을 알았다.

"죄송하지만 장소는 빌려 드릴 수 없습니다."

"경주에는 저소음 발전기를 임대하는 곳이 없습니다."

솜사탕 기계를 빌렸으나 그 기계를 움직일 발전기가 없었다. 자칫하면 경찰에 의해 쫓겨날 수도 있는 상황이었다. 대릉원 근처의 아는 식당 주인에게 그 앞에서 네 시간만 장사할 수 있게 허락해 달라고 했지만 거절당했다.

다행히 우리가 준비한 장사 체험에 어려움이 생긴 것을 알게 된 학부모님이 마침 대릉원 근처에서 햄버거 가게를 하셨는데, 그 앞에서 하라고 허락하셨다.

"이제 진짜 장사 시작이다. 목표는 20만 원의 이익을 남기는 거야."

우리는 순이익 20만원이 생기면 봉사단체에 기부하기로 했다. 두 조로 나눠 한 조는 뻥튀기, 한 조는 솜사탕을 만들어 팔았다.

"선생님, 솜사탕 만들기가 힘들어요?"

주말에는 대릉원 주변에는 여행객으로 북적거렸다. 더구나 햄버거 가게 앞이어서 그랬는지 어린아이들이 많았다. 그런데 문제는 솜사탕을 만들 줄 아는 아이가 없었다. 심지어 1일 사장이었던 나 역시 솜사탕 만들기에는 문외한이었다.

솜사탕 홍보용 POP가 그럴 듯했는지 꼬마 손님들이 몰려들었다. 이걸 어쩌나. 정작 솜사탕을 팔 수가 없었고, 쉽게 만들 줄 알았던 솜사탕 만들기가 어렵기만 했다.

"젓가락을 밑에서 계속 돌려야 해요."

뻥튀기 판매 조의 범진이가 시내에서 솜사탕 만드는 것을 본 적이 있다면서 시범을 보였다. 마침내 자그마한 솜사탕이 만들어져서 신이 난 우리는 박수를 쳤다.

"하트 모양의 솜사탕은 안 될까요?"

"포도 맛과 딸기 맛 섞어서 해주세요."

꼬마 손님들의 요구가 다양했지만 대답은 오직 한 가지였다.

"죄송하지만 실력이 되지 않아요. 대신 절반 가격으로 드릴게요."

아이들은 저렴한 가격으로 승부를 걸자고 했다. 그렇게 장사를 시작한 지 두 시간이 지났고, 그래도 솜사탕 매출은 제법 긍정적이었으나 뻥튀기는 완전히 판매 부진이었다.

의욕적이었던 아이들도 하나 둘 힘이 빠졌고, 식욕이 왕성한 아이들이 자진해서 구입하여 다소 뻥튀기를 팔 수 있었다. 뻥튀기를 비싸게 구입한 것도 시행착오였지만, 여행객에게 그다지 관심 있는 품목이 아니었다.

우리가 계획한 네 시간이 지나서 조별로 총수입을 계산했다. 모든 조가 솜사탕은 팔았으나 뻥튀기는 거의 그대로 남아 있었다. 팔지 못한 뻥튀기가 너무 많으니까 아이들도 어이없는지 웃음을 터뜨릴 정도였다. 어쨌든 총매출 중에 재료값을 돌려주고 9,700원의 이익이 남았다.

"다음에 뻥튀기는 팔지 말아야겠어요."

"뻥튀기의 분량은 줄이고, 마카롱과 옥수수 튀긴 것은 취급 금지!"

"솜사탕 기계는 두 대로 늘리면 좋을 것 같습니다."

아이들은 설왕설래하면서 장사 결과를 분석했다. 장난꾸러기 같았던 아이들이 저마다 예리하게 분석하는 모습이 대견했다. 남은 뻥튀기를 나누면서 '오늘의 품삯'이라고 하자 아이들은 까르르 웃었다.

장사체험, 당일

대상	중학교 1학년 남학생
지역	영천, 포항, 경주, 대구 등에서 참가한 15명
주요 일정	2주일 전에 15명을 4개의 조로 나누고 조장을 뽑음 1주일 전에 솜사탕 조와 뻥튀기 조로 나눠서 준비하도록 함 아이들이 직접 재료를 구입하고, 홍보 포스터와 가격표 등을 제작함

중국의 오늘을 만나러 갑니다

“중국 여행에 관하여 이런 말이 있습니다. ‘고대의 중국을 만나려면 서안을, 지금의 중국을 만나려면 북경을, 미래의 중국을 만나려면 상해를 가라.’ 우리도 ‘오늘의 중국’을 만나러 북경에 갑니다.”

내 말을 마치자 아이들의 질문이 이어졌다. 중국의 수도 북경을 탐방하기에 앞서 사전 스터디를 진행할 때에도 다른 어떤 나라보다 질문이 많았다.

“선생님 북경은 춥지 않을까요?”

“매연이 심하다던데 어느 정도인지요?”

세계의 중심이 아시아로 움직이고 있고, 그 중심에 중국이 있다는 것도, 산업발전이 빠르게 이루어지면서 공해가 심각하다는 것도 뉴스를 통해 어느 정도 알고 있었다.

"북경 음식도 세계화되어 현지 음식도 먹을 만합니다. 김치나 고추장을 준비할 필요 없습니다."

또한 여행에서는 현지 음식과 현지 문화에 적응하는 것이 중요하다고 덧붙였다. 그러기 위해 기본적인 준수 사항을 전하고, 현지 적응에 방해되는 태도는 스스로 조절하도록 했다.

드디어 출발일이었다. 김해공항에서 비행기로 2시간 만에 북경수도국제공항에 도착했다. 아이들은 어느새 마스크를 꺼내 입을 막았다.

"뭔가 매캐한 냄새가 나요. 공기가 탁해요. 선생님!"

"중국 입국심사는 까다로운 것 같아요. 일본은 그렇지 않은데 비자를 다 만들라고 하고요."

비행기가 착륙하면 바로 나갈 줄 알았는데, 입국심사 시간이 길어지자 아이들이 불만을 터뜨렸다. 하지만 앞으로 이보다 더 까다로운 일이 생기기도 할 테니 경험하는 것도 좋다고 했다. 중국은 개방하면서 동시에 국민들을 철저히 통제한다. 이제 3박 4일 간의 일정에서 그런 사실을 더 알게 될 것이다.

"헉! 지하철에서 가방 검사, 몸 검사를 하다니요?"

한인들이 많이 산다는 왕징까지 버스를 타고, 숙소까지는 지하철로 이동해야 하는데 가방이며 몸 검사를 하는 것이 아닌가.

"아까 말했지? 중국은 개방하면서 체제 유지를 위한 감시를 소홀히 하지 않아. 앞으로도 이런 종류의 검사는 계속 될 거야."

"천안문 광장에 들어갈 때도, 심지어 자금성 매표를 할 때도 여권이 필요해. 우리나라에서 이랬다면 당장 SNS에 항의 글이 올라가겠지만 중국은 그렇지 않아. 정부 방침을 따라야 하는 거야. 이것이 중국이야. 50여 개의 소수민족을 통치하는 방법이기도 하지."

아이들은 의아해하면서 중국을 조금씩 알아가고 있었다. 숙소는 한인타운 왕징과 시내 왕부정 사이였는데, 첫날은 숙소 근처 백화점 식당에서 저녁 식사를 했다.

둘째 날부터 본격적인 체험여행이 시작되었는데, 북경의 상징인 만리장성, 이화원 그리고 북경에서 최고인 북경대학교를 방문하기로 했다.

"얘들아, 다음 지하철을 타자. 사람이 너무 많다."

8시에 숙소에서 나온 우리는 지하철을 타야 하는데, 이미 콩나물시루 같아서 탈 수가 없었다. 사람이 많아서 두렵기는 처음이었다. 하는 수 없이 '다음 다음' 하면서 몇 대의 지하철을 그대로 보냈다.

"다음에 들어오는 지하철은 무조건 탄다. 내가 뒤에서 밀어볼 테니까 덩치 큰 유석이는 앞에서 길을 만들어."

마치 전쟁터에서 군사들이 돌진하듯이 우리는 힘을 합해 지하철 객차 안으로 밀면서 들어갔고, 마침내 모두 북경 지하철 객차 타기에 성공했다.

만리장성에 가려면 덕승문에서 내려 887번 버스를 갈아 타고 팔

달령으로 가야 한다. 887번 버스는 정해진 시간이 따로 없이 사람들이 타면 바로 출발했는데, 이미 아침부터 수백 명이 줄을 서서 버스를 기다리고 있었다. 지난 봄에는 두 시간을 기다렸는데 다행히 그보다 빨리 만리장성 행 버스을 탈 수 있었다.

“여기 보이는 만리장성은 진시황제가 아니라 명나라 영락제가 세운 것으로, 진시황제가 세운 토성이 바람과 세월에 무너지자 영락제가 100여 년에 걸쳐 벽돌로 재축성한 것입니다.”

아이들에게 설명하고, 케이블카로 팔달령 고개에 올라 만리장성을 밟았다. 만리장성이 길게 보이는 곳에서 서로 사진 찍기를 즐기다가 그만 발길을 돌렸다. 마음 같아서는 더 올라가고 싶었지만 발걸음이 따라주지 않아서 돌아선 것이다. 만리장성 아래쪽 상점 거리에서 식사를 했는데, 양꼬치, 중국식 샌드위치, 국수 등 아이들은 가리지 않고 잘 먹었다.

만리장성이 힘들긴 힘들었나 보다. 버스를 타고 이화원으로 이동하는 내내 아이들은 완전히 곯아 떨어졌다. ‘여름궁전’이라고도 불리는 이화원은 금나라 때 연못을 청나라 건륭제가 북경의 식수원으로 이용하고, 어머님께 효도하려고 다시 지었다고 한다. 청나라의 서태후가 군사비를 이화원 꾸미는 일에 사용해서 청일전쟁에서 패했다고 후일담이 남아 있다.

이화원의 곤명호에서 배를 타면 만수산 위 불향각이 보이고 주변을 두루 볼 수 있다. 서태후의 욕망 때문에 광서제가 쓸쓸하게 마지

북경 배낭여행은 복잡한 북경의 교통을 몸으로 체험하고,
원나라 이후에 수도가 되었던 북경의 역사를 공부함과 동시에
지금까지도 빠르게 변화하고 있는 현대의 중국을 경험할 수 있었다.

막을 보냈다는 옥란당, 세계에서 가장 긴 복도 장랑도 볼 만하다.

"선생님, 북경대 학생들은 정말 공부를 열심히 해요."

"대학교 탐방을 왔는데 여권 검사를 한다는 건 너무 심해요."

북경대학교를 입학하기가 어려운 것처럼, 여행객에게는 정문을 통과하기가 그처럼 어려웠다. 아이들은 야밤인데도 강의실에서 수업을 들으며 공부하는 학생들의 모습에 놀라는 듯했다.

둘째 날 일정은 북경대학교와 이화원을 끝으로 마무리하고, 북경대학교 근처에서 식사 후 지하철을 이용하여 다시 숙소로 돌아왔다.

셋째 날의 일정이 시작되었다.

"애들아, 오늘은 많이 걸어야 해. 편한 신발을 신어라."

"어제도 오래 걸었는데, 오늘은 더 걷는다구요?"

"어제는 북경 외곽, 오늘은 시내를 도는 거야."

가장 먼저 찾은 곳은 천단공원이었다. 자금성의 3.7배나 되는 큰 규모의 공원과 함께 하늘에 제사를 지내는 제단이 있었다. 명나라 영락제는 이곳에서 제사를 지내면서 우리나라를 비롯해 제후국들은 이를 금지시켜버렸다. 하늘에 제사는 오직 천자의 나라 중국의 특권이라는 얘기였다.

우리는 통상적인 관람 동선을 무시하고 기년전부터 황궁우, 원구단까지 반대 방향으로 둘러보았다. 수박 겉핥기식으로 보는데도 2시간이 넘었으니 그 규모를 상상할 수 있을 것이다.

다시 버스를 타고 천안문 광장 앞 전문 거리에서 자유식으로 식사하고 오후 일정을 시작했다. 오후에는 천안문에서 자금성을 거쳐 경산공원까지 이어져서 많이 걷는 코스였다.

"선생님, 천안문 광장이 바로 앞인데 언제까지 기다려야 해요?"

천안문 앞의 검색대에는 수백 명이 줄지어 입장을 기다리고 있었다. 이런 광경에 어느 정도 익숙해진 아이들이었지만 기다리는 일은 언제나 힘들었다. 천안문 광장은 동서로 500미터, 남북으로 880미터 규모이고, 프랑스 베르사유 광장과 함께 그 넓이가 세계 최고였다.

천안문 정면에서 오른쪽은 국경수도박물관, 왼쪽은 인민대회당이었다. 천안문 광장은 과거 많은 사건들을 겪은 북경의 상징이자 중국의 상징이었다. 1919년 3.1운동의 영향으로 항일 만세운동인 5.4운동이 일어난 장소였고, 이곳에서 1949년 10월 1일에 지금의 중화인민공화국이 시작되었다. 격동의 1989년에는 현대 중국 민주화운동의 상징인 천안문사태가 일어난 곳이기도 하다.

천안문 광장은 언제나 사람들로 북적인다. 소수민족들이나 지방의 거주자들이 천안문 광장에서 중국의 국기가 올라가고 내려가는 장면을 보는 것을 영광이라고 여긴다.

"얘들아, 여기부터 자금성의 시작이다."

"헉! 여기가 시작이라구요? 이렇게 많이 걸었는데, 다리가 너무 아파요."

"대륙의 황제를 만나는 건 쉽지 않은 일이지. 하하."

조선 후기에 사신으로 북경에 왔던 연암 박지원도 자금성 크기와 면적에 눈이 휘둥그레졌다고 한다. 대략 3시간에 걸친 자금성과 천안문 투어가 끝나자, 아이들에게 자금성이 훤히 보이는 경산공원에 올라가자고 했다. 다시 세 시간 넘게 걸어야 한다고 하자 아주 원성이 높았지만, 경산공원에 오르자 환호성이 들렸다. 그만큼 가볼 만한 여행지였다.

자금성 북문에서 길을 건너면 경산공원이 나오고 거기서부터 10분 정도 올라가면 자금성의 내부가 훤히 보인다. 아이들은 자금성을 내려다보면서 세상에, 이처럼 넓디넓은 곳을 걸어왔다는 것에 놀라워했다. 서로서로 대단하다고 하면서 뿌듯해 했다.

"선생님, 이게 인력거예요?"

"좀 쉴 수 있는 거죠?"

자금성 뒷쪽의 후통거리를 오후 내내 구석구석 돌아다녔더니 걸음이 좀 풀리는 듯했다. 아이들은 특별한 체험이 좋은지 즐기고 있었고, 북경의 옛 모습에도 더 깊은 관심을 가지는 것 같았다.

인력거를 타고 마지막 코스인 왕부정거리에 갔다. 이곳은 다양한 먹거리와 쇼핑으로 유명하다. 북경의 명동이라 불리는 '왕부정'은 옛날 왕족이 살았던 자금성 근처이고 우물이 있었다고 하여 붙여진 이름이다. 왕부정의 상징인 우물에 다녀와서 저녁을 먹은 후 왕부정거리에서 쇼핑을 하기 위해 길을 나섰다.

왕부정거리는 북경의 상징인 만큼 사람들로 북적였다. 용돈을 그

다지 쓸 일이 많지 않았던 아이들은 이곳에는 사고 싶은 것이 많은지 이것저것 물건을 구입한 아이들은 만족스러운 표정이었다. 한국에 비해 저렴한 기념품을 구경하면서 신이 났다. 여러 먹거리 중에서 전갈꼬치는 영 아니었지만 양꼬치는 맛있다고들 했다. 이제 지하철이 조금 익숙해진 아이들과 함께 별 어려움 없이 다시 1호선과 14호선을 타고 숙소로 돌아왔다.

북경의 마지막 날에는 아침을 좀 느긋하게 먹고 또 다시 천안문 광장 쪽으로 갔다. 우리가 찾은 곳은 중국의 모든 유물들이 모여 있다는 북경수도박물관이었다. 우리나라로 치면 국립중앙박물관격인데 북경수도박물관을 다 둘러보려면 훨씬 긴 시간이 필요하다. 나는 학생들이 중국사를 배울 때도 나오고 우리나라의 유물과도 연결짓는 고고관 중심으로 관람하도록 했다. 그렇게 돌아보는데도 2시간이 금방 지나갔다.

박물관 관람을 마친 아이들과 함께 점심을 먹으려고 왕부정거리로 걸어서 이동했다. 천안문 광장에서 지하철로 한 정거장이 지나면 왕부정인데 이동거리가 짧아서 지하철을 타기가 번거롭기만 했다. 하지만 아이들도 그 정도 쯤은 아무것도 아니라는 듯 걷는 것에 대해 힘들어하지 않았다.

"와, 밥이 정말 맛있네요!"

"퓨전 중국식인데, 내가 찾은 왕부정의 맛집이야."

마지막 식사와 함께 자유 시간을 왕부정에서 보내고 북경 배낭여행을 마무리 했다.

북경 배낭여행은 복잡한 북경의 교통을 몸으로 체험하고, 원나라 이후에 수도가 된 북경의 역사를 공부함과 동시에 지금도 빠르게 변화하고 있는 현대의 중국을 경험할 수 있었다.

북경에서 3박 4일

대상	중학교 1학년~고등학교 1학년
지역	영남 지역에서 참가한 15명
주요 일정	왕징거리(한인 타운) → 만리장성 → 북경대학교 → 이화원 → 천단공원 → 전문거리 → 천안문 광장 → 자금성 → 경산공원 → 인력거 타기(후통거리) → 왕부정거리 → 북경수도박물관

익숙한 삶에서 벗어나자

"지금부터 캄보디아 봉사 배낭여행의 사전 스터디를 시작하겠습니다."

전날에 유럽 배낭여행의 일정을 끝내고 막 귀국한 터라서 아직 시차 적응이 안 되었다. 하지만 캄보디아 일정이 10일밖에 남지 않아서 함께 일정도 살펴보고 과제를 준비하는 사전 스터디를 늦출 수도 없었다. 모인 아이들에게 캄보디아 일정은 사실 사전 스터디가 시작되는 지금부터라고 해야 한다.

아이들 3분의 2가 지난 해외여행 프로그램에서 만났고, 한 명의 초등학생을 제외하면 모두 중학생이었다. 인원이 많지 않아서 다른 어떤 여행 프로그램보다 캄보디아를 깊이 있게 만날 수 있는 시간이었다.

"선생님, 전염병이나 콜레라에 대비한 예방주사를 맞아야 하지 않나요?"

"선생님, 돈은 선생님이 맡아 주실 수 있나요?"

국내보다 해외에 아이들을 보내는 부모님의 걱정은 이만저만이 아니다. 사전 스터디 후에도 한동안 질문이 이어진다.

"여권이나 돈 등 아이들의 귀중품은 제가 맡지 않습니다. 자신의 물건을 스스로 관리할 줄 알아야 하고, 설령 무엇이든 잃어버리더라도 그 경험을 통해 깨우칠 것입니다."

실제로 부모님의 걱정에 비해 아이들은 자기 관리를 잘 하는 편이었다. 아이들의 발달 상태에 따라 행동이 조금 늦거나 빠르다는 차이는 있겠지만, 그 또한 미리 문제 삼을 필요는 없다. 특히 아이들이 집을 떠나면 훨씬 더 어른스러진다. 집안에서 티격태격거리던 형제자매도 부모님 없는 여행 길에서는 형은 동생을 챙기면서 부모 역할을 대신한다. 그러한 기회가 많지 않았을 뿐이었다.

김해공항에서 5시간 동안 비행기를 타고 캄보디아 관광도시 씨엠립에 도착했다.

"어휴! 푹푹 찌네요. 그래도 생각했던 것보다 덜 더워요."

다른 나라와는 달리 씨엠립공항은 비행기에서 내리자마자 땅을 밟고 심사대까지 걸어가야 하기에 아이들은 현지의 기후는 그대로 느낄 수 있었다.

그런데 내가 아이들의 뒤를 따르고 있으니까 심사대 직원이 나를 불러 세웠다. 곧바로 해주겠다며 2달러를 요구했다. 이게 무슨 말인가. 캄보디아는 도착 비자를 발급해야 입국이 가능한 나라인데 기다리지 않고 발급해주겠다는 의미였다.

"선생님, 이 사람들이 왜 2달러를 더 달라고 하나요?"

아이들은 이렇듯 공개적으로 뇌물을 요구하는 것을 이해할 수 없다는 표정이었다. 나는 이 또한 캄보디아의 문화라고 이해해야 한다고 했다. 그때 청년 마이가 다가왔다.

"안녕하세요!"

그는 캄보디아에 오랫동안 다니며 알게 된 청년인데, 우리나라 수원대학교에서 국비장학생으로 한국어를 배운 덕분에 현지 가이드를 하면서 한국 여행객를 안내하고 있었다.

가수 백지영을 좋아한다는 마이 샘은 아이들의 눈높이에 맞추어 소통할 줄 알고, 스스럼없이 놀아주어서 아이들이 잘 따랐다. 아이들이 좋아하는 곳을 잘 선별해서 안내하고 있어서 자주 함께하는 청년이었다. 이름을 부르기도 쉬운 발음이어서 아이들에게 인기 만점이었다.

앙코르 유적지를 자주 다녀서 나 혼자 충분히 가이드가 가능했지만, 캄보디아 관광법에 단체 여행객은 반드시 현지인 가이드와 동승해야 한다고 되어 있었다. 앙코르 유적지의 인기가 많아지자 내국인 활용 차원에서 실시하고 있는 제도였다. 그래서 단체로 이동하는 우리들에게는 마이 샘이 꼭 필요했다.

"선생님, 언제 수영할 수 있어요?"

"쌀국수가 가장 맛있었습니다! 고맙습니다"

"툭툭이는 빨리 타고 싶습니다. 언제 탈 수 있어요?"

아이들은 어제 밤늦게 도착해서 시차에 적응이 안 되는지 이른 아침부터 말이 많았다. 어느새 식사를 마치고 놀면서 툭툭이를 기다리고 있었다.

툭툭이는 대중교통이 없는 씨엠립에서 인기 있는 교통수단이었다. 오토바이를 개조해서 만든 툭툭이는 2~4명까지 탈 수 있었다. 씨엠립 근처의 웬만한 곳은 대부분 툭툭이로 이동했다. 시장에 갈 때나 유적지를 갈 때, 식당에 갈 때도 그럴 것이다. 그러니 우리가 며칠 동안 자주 이용할 툭툭이의 기사가 어떤 사람인지가 중요하다. 여중생들은 툭툭이 기사가 캄보디아 꽃미남 오빠였으면 좋겠다고도 했다.

드디어 유적지 답사가 시작되었다. 앙코르 제국의 역사를 제대로 알려면 시대순에 따라 다닐 필요가 있었다. 그래서 이틀은 툭툭이를 타고 앙코르의 유적지를 연대기별로 답사했다.

최초의 사원이 있는 초기 도읍지 롤로오스 지역을 중심으로 둘러보았다. 훗날 수도를 다시 프놈바켕으로 옮겼으나 이곳은 앙코르톰과 앙코르와트가 다 보이는 곳이어서 씨엠립에서 가장 멋진 유적지라고 할 수 있었다. 일몰 시간이면 멋진 장관을 놓치지 않으려는 수많은 여행객의 발길이 몰려온다.

앙코르와트와 앙코르톰은 여행객이 가장 많이 찾는 곳으로 밀림 속에 있는 멋진 사원의 모습도 장관이고, 툭툭이를 타고 다니면서 살펴보는 것도 아이들에겐 더없는 추억으로 남는다.

힌두교의 생소한 용어와 발음조차 어려운 신들의 이야기들이 쉽게 와닿지 않았지만, 조금이라도 더 알게 되었다는 데 의미가 있을 것이다. 유적지 답사 일정을 마무리하고 아이들이 기다리던 수영장으로 이동했다.

셋째 날이 시작되자 아이들은 각자 집에서 가져온 학용품들을 챙겼다. 오늘과 내일은 톤레삽 근처의 빈민촌 아이들과 함께 지내면서 봉사활동을 하기로 했다.

내가 십대 여행 프로그램에서 캄보디아를 선택한 이유는 봉사하겠다는 이유가 가장 컸다. 지구촌에서 가장 가난하게 살아간다는 톤레삽 주변의 아이들에게 우리가 가진 일부를 나눠주면서 '누군가에게 도움이 될 수 있다!'는 것을 느끼게 해주고 싶었다.

몇 년 전의 일이었다. 캄보디아의 답사 목적은 나의 전공인 고고학을 살려서 앙코르의 역사와 동남아 역사를 함께 풀어내어 아이들에게 말해주고 싶었다. 그래서 앙코르와트와 앙코르톰을 둘러보고 나서 톤레삽 호수를 찾아갔다.

톤레삽 호수 근처에 과거에 베트남 내전을 피해 이주하여 이곳에 정착한 사람들이 많았다. 얼마 전까지만 해도 그들을 캄보디아에서 받아주지 않아서 국제 미아로서 어떠한 혜택도 받지 못했다고 한다. 먹을 거라고는 톤레삽 호수에서 잡힌 물고기 정도였고, 호수 근처에서 임시로 지은 듯한 나무 집에 살고 있는 형편이었다.

'아니, 이런 곳에 사람이 살고 있단 말인가?'

'홍수가 나면 집안으로 물이 흘러들어가는데 저 사람들은 어떡하지?'

오래전에 이곳을 방문했을 때, 하필 씨엠립에 며칠 동안 큰 비가 내렸다. 호수에는 빗물이 불어나서 집안으로 흘러들어와 있었고, 안 그래도 없는 형편에 집안의 가재도구가 다 쓸려나가는 장면을 목격했다. 정말로 참혹했다. 집이라고 해도 과수원의 원두막 수준이었는데, 그마저 홍수로 사라지고 있었다. 차창을 통해 목격한 그들의 모습을 보면서 도와야겠다는 마음이었다. 나는 그때 느낀 대로 아이들에게 그 마음을 전하고 싶었다.

"선생님, 여태까지 청소한 중에 가장 열심히 청소했어요."

"동생도 잘 안 씻기는데 도전했습니다. 사실 잘 할까 걱정이 되었구요."

아이들과 함께 나는 톤레삽 근처에서 이틀 동안 출퇴근을 하며 봉사활동을 했다. 조별로 할 일을 부여 받아 활동을 진행되는데, 오전에는 무료 급식을 하기 위해 150명 가량의 식사 준비를 했다. 우리가 활동하기로 예약한 날짜에는 자원봉사자들이 많지 않아서 현지 아이들에게 여러 가지 일들을 실행할 수 있었다. 무를 자르는 아이, 계란찜을 정확히 정사각형으로 나누는 아이들, 모두 서툴었지만 최선을 다해 열심이었다.

아이들과 함께 있으라는 내 말에 마지못해 다시 교실에 들어가는 아이들. 그런데 유치원 아이들에게 마음이 쓰였는지 못 견딜 것 같은 더위를 무릅쓰고 수업 도우미 역할을 꿋꿋이 해냈다.

"정훈아, 어제보다 더 청소를 잘하는데?"

봉사 이틀째 되는 날 오전에 청소를 하고 있는데, 이번 여행의 최고참인 중3 정훈이가 열심히 청소를 하고 있었다.

"어제 그 많은 아이들이 맨발로 오는 걸 보고 깜짝 놀랐어요. 아이들이 발을 다치면 어떡하지 걱정돼요."

혹시 맨발로 다니는 아이들이 다칠까봐 구석구석 정성들여 청소했다는 것이다. 정훈이 성격이 조용한 편이어서 이번 여행 프로그램 참가자 중에 그다지 눈에 띠지 않았다. 봉사 이틀째는 그야말로 정훈이의 날이었다. 무거운 짐을 거뜬히 들어주면서 캄보디아 현지 꼬맹이들의 든든한 형이 되고 오빠가 되어 기쁘게 놀아주었다.

"밥이 유난히 맛있습니다."

이번 봉사활동 참가자들도 그곳 아이들과 같은 캄보디아식 점심을 먹었는데, 식사가 거북하다던 여학생들도 한 숟가락 먹더니 맛있다면서 한 그릇을 뚝딱 해치웠다. 오후에는 아이들을 씻기고 주변을 소독하더니 여기저기에서 기부한 옷가지를 정리하기도 하고, 빵을 만들기까지 하는 것이다.

"선생님 너무 더워요. 저기에 어떻게 있어요?"

둘째 날 오후에 근처 초등학교 부속 유치원을 방문해서 함께 만들기 수업을 돕기로 했다. 그런데 교실에 들어가자마자 남학생들은 5분도 채 되지 않아 뛰쳐나오고 말았다. 우리나라 교실의 절반 크기에 40명 정도가 수업을 하고 있었는데, 엄청난 무더위에 에어컨은커녕

천장에 달린 선풍기 한 대가 전부였다. 땀으로 뒤범벅이 된 아이들을 보니 마음보다 현실의 벽이 너무 높다는 것을 깨달았다.

아이들과 함께 있으라는 내 말에 마지못해 다시 교실에 들어가는 아이들, 그런데 유치원 아이들에게 마음이 쓰였는지 못 견딜 것 같은 더위를 무릅쓰고 수업 도우미 역할을 꿋꿋이 해냈다. 특히 이번 참가자 중 막내인 초등학생 찬우는 누구보다 유치원 동생들을 잘 챙겨서 칭찬을 받았고, 막내의 티를 벗고 의젓해졌다.

캄보디아에서는 1970년대 200만 명이나 학살당한 '킬링필드'를 떠올려야 했다. 저녁식사 후에 아이들은 음료수를 마시며 하루 일과를 정리하였다. 여행을 준비하면서 사전에 보라고 했던 영화 〈킬링필드 이야기〉 관람 소감을 나누게 했는데, 현지에서 비극의 역사를 나누는 아이들을 통해 큰 감동을 받았다. 캄보디아는 십대 아이들에게는 봉사도 하면서 역사의 비극을 나누기도 하고, 유적지를 답사할 수 있어서 두고두고 생각할 만한 주제가 많았다.

캄보디아 봉사, 5박 6일

대상	초등학교 5학년~중학교 3학년
지역	영호남 지역에서 참가한 20명
주요 일정	앙코르와트 유적 답사 : 롤로스 유적 → 프놈바켕 → 앙코르와트 → 앙코르톰 봉사 : 톤레삽 호수 근처 수원마을 초등학교와 다일공동체 기타 : 톤레삽 호수, 씨엠립 야시장, 유럽거리

한옥마을의 꽃, 이성계 어전

이번 프로그램에서 가장 기억에 남는 것은 클라이밍 체험이었다. 그 다음은 카이스트대학교 견학과 전주 한옥마을이었는데, 무엇보다 평소 하지 못한 경험들을 통해 내 안에 잠재력을 확인하는 값진 시간이었다.

처음 하는 클라이밍은 두려웠지만 신선한 체험이었으며, 문과 성향의 내가 공대 중에서 으뜸이라는 카이스트대학교 캠퍼스를 둘러보면서 선배들과 대화하면서 질문할 수 있었던 것은 두고두고 기억될 추억이다. 다양한 공부법이나 고등학교 시절의 에피소드를 전해주는 열정적인 선배들 덕분에 막막하던 공부에 대해 마음가짐이 달라진 계기였다.

한옥의 전통미를 전하는 전주한옥마을은 여행객이 붐벼서 번잡했지만 전동성당을 거닐면서 나만의 전주한옥마을을 마음에 담을 수 있었다. 전주 한옥마을의 꽃은 '이성계 어전'이며, 그밖에 문화재들은 비교적 짧은 시간 머무르다 보니 미처 보지 못한 아쉬움이 남는다. 다음 기회에 찬찬히 전주한옥마을의 경치를 둘러보고 싶다.

이틀 동안 우리들을 위해 수고하신 선생님께 감사드리고, 이번 대전–전주 프로그램에 참여하면서의 기억이 남은 시간에 원동력이 되리라 믿는다.

이정민, 경주여고 2학년 이정민

내가 장사를 하다니!

장사! 장사라고 하면 사람들은 그저 단순히 '물건을 파는 것'이라고 생각한다. 사실 그렇게 생각하는 사람들 중에 나도 포함된다. 아니, 이 프로그램에 참여한 모든 아이들도 그렇게 생각했을 것이다.

그렇지만 이번 장사 체험을 통해 장사 개념, 판매 효과, 주변 환경 등이 올바르게 되어 있어야 한다는 것을 깨달았다. 처음엔 장사를 쉽게 생각해서 겪는 시행착오도 많았다. 장사한다는 생각도 없이 참여했던 것이다.

하지만 막상 장사가 시작되자 어떻게 하는지도 모르겠고 또 부끄럽고 어색해서 점점 지체되었다. 아이들의 협동심과 선생님께서 방향을 하나 둘 제시해 주시지 않았다면 어땠을까. 나를 포함한 친구들이 이번 체험에서 장사가 무엇인지 어느 정도 알 수 있었다.

친구들은 지나가는 사람들에게 홍보하고, 1+1 행사도 하는 등 전략과 전술을 활용하면서 조금 더 효과적이고 관심을 끄는 장사를 할 수 있었다. 무엇보다 장사를 하면서 '돈을 번다는 것'이 쉽지 않다는 것을 알았다. 이런 기회를 주신 부모님과 선생님께 감사한다.

조유준, 포항중학교 1학년

중국과 한국의 공유 문화

중국에 있는 동안 "여기가 정말 중국이구나!"하고 느낀 몇 가지 있다. 지하철 화장실임에도 옆 사람이 일어서고 앉는 것이 다 보이는 말도 안 되는 화장실이 있었고, 어디를 가도 사람들이 너무 많아서 길게 늘어서는 줄은 예사였으며, 우리나라에서는 맡을 수 없는 뭔가 중국 특유의 냄새가 그것이다.

그것 말고도 놀라운 것은 많았다. 처음 가 본 만리장성은 경이로움 그 자체였다. 사람의 힘으로 그토록 길고도 긴 성벽을 쌓을 수 있다는 사실이 그저 놀라울 따름이었다. 인간의 능력의 한계와 나의 존재에 대해 다시 한 번 생각해 보았다.

천단공원에서 본 중국인들의 실상과 놀이문화, 경산공원에서 내려다 본 아름다운 자금성의 모습, 그리고 왕부정거리에서 오감으로 느낀 충격적인 길거리 음식 모두 잊지 못할 추억의 한 조각들이다.

오래전부터 중국과 한국은 역사와 문화를 공유해 왔다. 그만큼 서로의 문화가 역사 속에 녹아 있었고, 뗄래야 뗄 수 없는 관계임을 이번 여행을 통해 깨달았다.

김장환, 동지중학교 2학년

감동, 이런 마음이구나!

평소 해외여행을 해도 관광하는 정도로 여행하던 나에게 캄보디아 봉사활동은 뜻깊은 하루를 선물해 주었다. '밥퍼'라는 곳에서 아이들에게 배식 봉사를 하였고, 배식을 하기 전까지 그곳 아이들을 돌보기도 하고 함께 놀기도 했다.

캄보디아 봉사활동을 하기 전까지는 '봉사'는 그들보다 좋은 환경에서 사는 내가 힘들게 생활하는 그들에게 무언가를 베푸는 것이라고 생각했다. 하지만 이번 봉사를 하면서 그들에게 어떤 노력을 하고 에너지를 쏟은 것에 비해 오히려 깊은 사랑과 행복감을 선물로 받은 것이다. 이보다 더 값진 선물은 없을 것이다.

특히 봉사를 마칠 무렵 한 아이가 자신이 그린 그림을 선물로 주었을 때 그 감동과 밀려오는 뿌듯함은 어느 것과도 비교할 수 없었다. 배식을 마치고 아이들이 맛있게 먹는 모습을 바라보면서 엄마 마음이 이렇겠구나 싶기도 했다. 나도 모르게 흐뭇한 미소가 지어졌다. 곧 헤어져야 한다는 생각하자 더욱 가슴이 뭉클하고 아쉬웠다.

태어나서 첫 봉사 활동인 캄보디아에서 긍정적인 기억이 심어졌고, 이후 여러 봉사활동에 참여하게 계기가 되어주었다.

정이령, 근화여자중학교 3학년

PART 4
한국사 속으로 배낭여행

우리가 사는 장소를 바꿔주는 것은 아니지만, 우리의 생각과 편견을 바꿔주기에는 충분하다.

아나톨

한국사 속으로 1

감천문화마을은 피난민촌

십대 대상으로 가장 많은 횟수의 배낭여행을 준비하는 곳이 부산이다. 이 프로그램의 시작점은 부산역이다. 부산역은 서울, 대구, 대전 등의 도시에서 기차로 이동이 쉽고, 고속버스로 오더라도 지하철이 지나가기에 쉽게 접근할 수 있다. 한국전쟁의 피난처로 우리나라 근대사의 현장이기도 해서 이동이 편리하고 여학생들이 사진찍기 좋은 곳, 남학생들이 좋아하는 맛집들이 많고, 이바구 자전거의 탑승 재미는 잊지 못할 추억을 만들어 준다.

부산의 첫 번째 프로그램은 부산역에서 이바구 자전거를 타기. 부산은 한국전쟁 때 피난민들의 흔적이 많이 남아 있는데, 부산역 맞은편 초량동 역시 한국전쟁의 이야기를 다양하게 들을 수 있다. 할아버지들이 여행객을 인력거에 태워 이바구(이야기의 경상도 사투리)하면서 이곳저곳 다닌다고 해서 '이바구 자전거'이다. 이곳을 다녀간 개그맨 이경규, 가수 나훈아, 뮤지컬 감독 박칼린 등 유명인들의 이야기도 함께 들을 수 있다.

예전에 산비탈이었음을 알 수 있는 168계단, 유치환우체통에서 내려다보이는 부산 앞바다는 장관이다. 이바구 자전거 체험이 끝나면, 부산역 맞은편 차이나타운의 상해 거리에서 중국문화를 체험하게 되는데 특유의 짜장면, 공갈빵이 기억에 남을 것이다.

두 번째는 지하철 타고 자갈치역에서 내려 조금만 위로 올라가면 국제시장과 부평깡통시장이 나온다. 영화 〈국제시장〉의 배경이었던 꽃분이네 가게가 있고, 국제시장의 대표 음식인 비빔당면을 맛보기 바란다. 국제시장 옆 부평깡통시장에는 갖가지 어묵과 철판아이스크림, 스테이크, 줄서서 먹는다는 이가네 떡볶이 등이 있다.

부평깡통시장 지나면 부산 최대의 중고책거리 보수동 책방 골목이 있는데, 가성비 최고의 헌책들을 구입할 수도 있고, 오래된 양서들도 만날 수 있다.

자갈치역 3번 출구에서 감천문화마을 행 마을버스를 타면 20분 정도 거리에 감천문화마을이 있다. 비교적 옛 모습을 그대로 간직한 산동네였는데, 벽화를 그리고 거리마다 집집마다 색을 입혀서 부산에서 가장 아름다운 마을로 재탄생하였다.

씨앗호떡과 어묵국수를 먹을 수 있고, 곳곳에 꽃이며 어린왕자 등 아름다운 벽화는 여행객의 포토존이다. 멀리 부산 앞바다가 보이는 카페에서는 여행객들이 기념촬영을 하느라고 분주하다. 이미 중국, 대만, 동남아 등에서 찾은 해외여행객들에게도 부산의 명소가 되었다고 한다.

부산역을 시작하여 지하철 1호선과 감천문화마을 행 마을버스를 이용하는 비교적 단순한 동선이라서 처음 배낭여행을 시작하는 십대에게 추천한다. 또 내가 십대들에게 이곳을 추천하는 이유는 무엇보다 한국전쟁의 후일담이 살아있는 역사 기행이기도 해서이다. 아이들에게는 한국 근대사 속 한국전쟁으로만 알고 있지만, 아직도 끝나지 않은 채 '통일'이라는 주제 안에서 이어져오고 있다.

한국사 속으로 2

입과 눈과 마음이 유익해요

전주는 전라북도에서 가장 많은 여행객이 찾는다. 고속버스정류장이나 전주 기차역에서 버스로 어디나 이동이 가능하고, 그밖에는 도보로도 가능해서 정말 안전하고 편리한 프로그램 일정이 가능하다.

전주에 도착하면 첫 번째는 명품시내버스 1000번을 이동하면 좋다. 일반버스와는 다르게 딱 보면 '특이하다'는 느낌을 주는 전주의 명물이다. 온통 빨강색으로 창문이나 지붕 모양이 한옥 이미지로 연출했고, 버스 안은 텔레비전은 물론 전주의 여러 관광정보지가 진열되어 있다. 무엇보다 운전기사 아저씨가 구수한 사투리로 전하는 여행지 안내가 인상적이었다.

명품시내버스 1000번이 처음 도착하는 곳은 서학동예술마을이다. 전주천을 사이에 두고 한옥마을과 남부시장이 있는데, 서학동은 옛부터 공부하는 사람들이 많은 고장이라고 해서 '선생촌'이라고도 불린다. 이제는 화가, 설치작가 등이 살면서 예술촌으로 변모하였고, 전주시도 이곳을 '전주미래유산04'로 지정했다.

좁다란 골목마다 크고 작은 공방들이 있고, 길거리 곳곳에 벽화가 아름다우며, 예쁜 집, 독특한 디자인의 공간 등은 인생샷 배경으로 보기 좋다. 골목마다 깃들어 있는 다양한 스토리 덕분에 배낭여행에 참가한 아이들에게 미션을 주기에도 좋았다.

서학동예술마을에서 싸전다리를 건너면 전주남부시장이다. 전주한옥마을 바로 옆이기도 해서 유명해진 전통시장이다. 랍스타, 스테이크, 문꼬치 등 군침을 돋게 하고, 독특한 아이디어와 감성 가득한 가게 이름들이 가득한 남부시장 청년몰도 유명하다.

남부시장 북쪽의 풍납문을 지나면 전주한옥마을이다. 그 입구에 전주한옥마을에서 가장 유명한 전동성당과 경기전이 있다.

경기전에는 조선을 세운 태조 이성계의 어진이 있고, 조선시대 역사책을 보관하고 있던 전주사고가 있다. 역사적으로 답사할 가치가 풍성하다.

경기전 맞은편의 전동성당은 100년이 넘은 역사를 간직하고 있고 호남지방에서 가장 큰 규모를 자랑한다. 붉은 벽돌 건물 내부의 둥근 천장, 중앙의 종탑 등 로마네스크 양식의 서양식 건물이라서 한옥 건축과 대비되는 또 다른 볼거리이기도 하다. 전주 한옥마을은 양동민속마을, 안동하회마을과는 달리 근대식 한옥들이다.

이곳에서 한복을 입고 걸어 보라. 정갈한 한옥과 돌담, 서양식 전동성당 전경, 사방이 고풍스러운 한옥마을 거리를 기록에 남길 만하다. 십대들에게 우리 것에 대한 자부심, 한옥과 서양 건축의 조화도 함께 살펴보는 시간이다.

한국사 속으로 3

카이스트대학교에서 진로 체험

대전은 전국의 중간 지점이어서 각지에서 찾아오기가 편리하다. 모든 기차가 대전역을 통과하고 모든 버스가 대전에 들어온다. 교통이 편리할 뿐만 아니라 이동 거리도 수도권, 경상도, 전라도, 강원도에서 2~3시간 거리여서 답사하기에 최적의 여행지이다.

대전의 시작점은 청소년위캔센터이다. 청소년을 위한 다양한 체험시설인 이곳은 대전역 앞에 중앙시장통에 있는데, 기차역에서 걸어서 이동하는데 대전복합터미널에서 10분 거리이다.

청소년위캔센터에는 과학수사대, 패션디자인, 로봇공학연구소 등 다양한 직업을 체험할 수 있다. 매일 직업 체험 프로그램이 다르고, 진로 적성검사도 이루어지고 있다.

직업체험뿐만 아니라 클라이밍 교육도 이루어지는데, 직업 체험

대전 배낭여행은 십대들에게 진로 체험이기도 하다.
중간고사나 기말시험을 끝내고 새로운 경험을 하면서
자신을 돌아보고, 새학기를 위해 도전하자.
카이스트대학교의 선배들의 진로 노하우를 들으면서
새로운 열정과 에너지가 샘솟기를 바란다.

과 클라이밍 체험을 모두 한다면 80분 정도 소요된다. 그리고 나면 대전중앙시장의 맛집에서 입이 즐거운 시간이 누릴 수 있다.

대전중앙시장에서 다리를 건너면 은행동 으능정 문화의 거리이다. 으능정은 '은행나무골'이란 뜻이며 예전부터 은행나무가 많아서 붙여진 이름이기도 하다. 으능정 문화의 거리에는 볼거리, 체험거리, 즐길거리가 가득해서 십대에게는 마냥 흥미진진하다. 보드게임, 발당구, 오락실, 흑백사진관, 캐릭터 가챠샵 등이 그것이고, 유명한 빵집 성심당, 백종원 3대 천왕 광천식당 등이 있다. 밤에는 초대형 LED 영상아케이드 구조물인 스카이로드! 핫플레이스인 만큼 인증샷을 가장 많이 찍는다.

대전에는 카이스트대학교가 있다. 버스로는 중앙로역에서 604번을 타면 환승 없이 이동할 수 있다. 캠퍼스를 둘러보는 동안 십대 시절을 보낸 선배들에게 인터뷰할 준비를 해서 방문하는 것도 좋다. 좋은 멘토를 만날 수 있는 기회일 것이다. 캠퍼스 선배들에게 정중하게 인사하고 질문하라. 형 언니들에게 듣는 조언 한마디가 진로를 결정하고 미래의 삶의 방향을 정해줄 수도 있다. 구내식당이나 서점 등 캠퍼스를 경험하고, 소소한 기념품을 구입하여 추억하는 것도 좋다.

대전 배낭여행은 십대들에게 진로 체험이기도 하다. 중간고사나 기말시험을 끝내고 새로운 경험을 하면서 자신을 돌아보고, 새학기를 위해 도전하자. 카이스트대학교의 선배들의 진로 노하우를 들으면서 새로운 열정과 에너지가 샘솟기를 바란다.

한국사 속으로 4

통일신라 유적지가 빛나는 밤

경주는 도시 전체가 박물관이다. 역사를 알고 찾아간다면 하루 일정으로 다 돌아볼 수 없을 정도이다. 그래서 주제를 정해 합당한 코스를 선택하는 것이 좋다. 이번의 답사 코스는 버스를 한 번만 타고 도보로 이동할 수 있다. 경주가 낯선 친구들의 배낭여행으로는 적당하다.

경주여행의 시작점인 대릉원지구는 고속버스터미널이나 기차역(KTX역은 30분 정도)에서 버스로 10분 정도 거리에 있다. 대릉원지구에는 천마총이나 황남대총이 있는 대릉원, 맞은편의 동부사적지 근처에는 첨성대, 월성, 계림이 있다. 자전거 대여점들도 있어서 가볍게 자전거 주행으로 경주 여행을 해도 좋다.

신라를 건국한 김알지가 탄생한 계림, 신라 초기 왕들의 무덤이 있는 대릉원, 신라의 궁성인 월성과 첨성대를 돌아볼 수 있다. 넓은 잔디밭에는 계절마다 다양한 꽃들이 피어나서 인생샷이 아름답다. 역사 공부를 미처 하지 않았더라도 신라의 큰 고분이나 유적들을 살펴보다 보면 자연스레 옛 신라를 알게 된다.

대릉원 옆 골목으로 내려오면 경주에서 핫한 거리 황리단길이다. 신라 유적들만 가득한 수학여행지의 고리타분한 이미지에서 완전히 벗어나게 한다. 몇 년 전만 해도 개발이 안 되어 있다가 특색 있는 카페와 서점들이 들어서면서 특히 청년들에게 명소로 자리잡았다.

황리단길에서 머물고 나서 자전거 타기를 추천한다. 경주는 곳곳에 유적지들이 많아서 자전거로 이동하는 것도 좋다. 황리단길이나 대릉원에서 자전거를 빌린다면 동부사적지를 돌아서 교촌마을과 월정교를 지나 국립경주박물관까지 갈 수 있다. 국립 경주박물관 바로 옆에 동궁과 월지인이 있는데, 여기부터 자전거를 잠시 세워두고 동궁과 월지, 그 주변을 관람하기 바란다.

동궁과 월지 주변으로는 일년 내내 다양한 꽃들이 피어난다. 봄에는 유채꽃, 가을에는 핑크뮬리 주변으로 국화꽃, 연꽃이 화사해서 찾는 이의 발길을 사로잡는다. 어디나 포토존이다. 사계절 모두 입장이 가능한 이곳에 동궁과 월지를 살펴보자.

신라가 통일하고 나서 삼국의 건축술로 세웠다는 동궁과 월지인데, 월지를 중심으로 돌아보는 것이 좋다. 신라의 다른 유적들에 비해 귀족의 놀이문화나 생활풍습을 알 수 있는 유물들을 관람할 수 있어서 아이들에게는 더할 나위 없이 유익하다.

동궁과 월지는 낮보다 밤이 아름답다고 소문 나 있다. 주말 밤에 입장하려면 1~2시간을 기다려야 하는데, 1박 2일을 머문다면 반드시 야경투어를 하기 바란다.

경주는 도시 자체가 노천 박물관이라고 할 만큼 뛰어난 역사문화가 있고, 로마나 그리스만큼 빛나는 고대 유적도시라서 여행의 자부심을 갖게 한다. 꽃이 피는 봄과 단풍이 물드는 가을이 더 좋은 배낭여행 시기이다.

한국사 속으로 5

서울의 옛터를 찾아서

서울은 600년의 역사답게 배낭여행 콘셉트에 따라 다양하게 여행할 수 있는 도시이다. 서울이 낯선 십대들에게는 대중교통의 이동 거리가 길지 않은 알찬 정보로 프로그램을 구성하였다.

서울여행의 시작은 지하철이다. 지방에서 가거나 서울에서 이동하기에도 가장 편리한 교통수단이기도 하다.

해외 배낭여행을 시작하고 싶다면 자신있게 서울의 지하철을 완벽하게 숙지하라고 하고 싶다. 세계 여러 나라를 다니는데 우리나라, 일본, 중국만큼 지하철이 복잡한 나라도 없다. 만약 서울 지하철을 잘 타고 다녔다면 일본, 중국, 파리, 영국 등 지하철이 있는 도시에서의 배낭여행은 훨씬 수월하다.

서울에서의 첫 일정은 지하철 경복궁역 1~4번 출구로 나와서 한

해외 배낭여행을 시작하고 싶다면 자신있게
서울의 지하철을 완벽하게 숙지하라고 하고 싶다.
만약 서울 지하철을 잘 타고 다녔다면 일본, 중국, 파리, 영국 등
지하철이 있는 도시에서의 배낭여행은 훨씬 수월하다.

복을 입고 고궁을 걸어볼 것을 추천한다. 경복궁 광화문을 지나서 임금님이 국정을 챙기던 근정전과 사정전, 경복궁에서 가장 아름답다는 경회루가 있다.

경복궁을 가볍게 돌아 나와서 과거 육조거리가 있었던 광화문 광장에서 이순신 동상과 세종대왕 동상을 만나고, 경복궁과 청와대 뒤편의 북악산을 배경으로 사진을 남겨 보라.

광화문 광장에서 우측 방향으로 길을 건너면 대한민국 역사박물관이 나오고 그 뒤편의 일본대사관 골목에는 평화의 소녀상이 있다. 일제강점기에 위안부 할머니의 아픔을 상징하는 평화의 소녀상이 자리잡고 있다. 광화문 광장에서 이곳까지의 거리는 걸어서 5분 거리이다.

광화문 광장 주변을 지나서 경복궁역 1~2번 출구에서 청운동 방향으로 계속해서 걷다보면 서촌이다. 그리고 답사하면서 들리기 편리하게 구성되어 있는 통인시장이 있다.

통인시장은 조선시대의 엽전을 구입해서 시장통의 모든 음식들을 구입해서 먹을 수 있도록 식당이 준비되어 있다. 가장 유명한 기름 떡볶이, 녹두전, 각종 반찬류와 밥, 떡이며 군것질 등 풍성하다. 거의 엽전 2냥(1000원)이면 소량이라도 무엇이든 구입할 수 있어서 다양하게 먹을 수 있다. 엽전을 사용한다는 것, 특이한 먹거리가 많다는 것, 통인시장의 장점이다.

통인시장에서 오른쪽 방향의 골목길을 조금만 지나면 청와대 사랑채가 나오고 우리나라 대통령이 계신 청와대가 있다. 미리 예약하면 청와대 안에 들어갈 수 있다. 경복궁 신무문과 청와대 사이의 걷는 길은 계절별로 운치가 있다.

청와대길을 따라 걷다보면 국립민속박물관 입구가 있고, 그 반대편에서 삼청동 길이 시작된다. 가까이에는 북촌 한옥마을이 있고, 북촌 한옥마을에서 인사동 방향으로 걸을 수 있다. 북촌 한옥마을은 보존 가치가 있을 만큼 서울의 또 다른 모습을 간직하고 있다.

이 같은 답사 코스는 차량을 이용하지 않는 장점에 비해 걷는 시간이 길어서 지칠 수 있지만 광화문 지하 광장, 청와대 사랑채 등 곳곳에 쉴 만한 곳도 있어서 잘 조절한다면 무리 없는 배낭여행 코스이기도 하다.

1박 2일 일정이라면 대학투어를 하자. 서울대학교가 있는 대학로나 홍익대학교 근방의 공연을 예매해서 멋과 맛을 즐기면 십대들에게 특별한 추억이 될 것이다.

십대 배낭여행에서 서울 프로그램은 우리나라의 과거와 현재 미래가 있는 곳이라는 점에서 훌륭하다. 지방에 거주하는 아이들에게는 다시 한 번 여행을 하고 싶게 할 것이다. 우리나라 수도이기에 가장 발전된 도시이기도 하다.

한국사 속으로 6

통영과 거제, 그리고 이순신 장군

도시 안에서 근거리 답사를 했다면 이번 배낭여행은 두세 도시를 이동하면서 여행하는 것이다. 대중교통을 더 많이 이용해야 하는 만큼 꼼꼼히 준비하는 것이 필요하다. 전주와 대전을 묶어서 여행해도 좋고, 경주와 부산을 묶어서 1박 2일, 2박 3일의 배낭여행을 하는 것도 좋다.

통영과 거제는 아름답다. 예전에 유럽여행을 인솔하고 나서 여름휴가로 이곳을 찾았을 때 남해가 유럽의 지중해보다 훨씬 낫다고 생각했다. 십대들에게도 탁 트인 바다와 함께 큰 포부가 가지게 할 것이다. 통영과 거제는 두 도시 모두 대전이나 부산처럼 대중교통이 편리하지 않아서 고생스러울 수 있겠지만 진정한 배낭여행의 맛이 아닐까 생각한다.

거제와 통영 어디에서 먼저 시작하든 상관없다. 편의상 통영부터 시작하자. 통영은 버스로만 이동이 가능하다. 통영종합버스터미널은 대구, 부산, 마산, 광주, 서울 등 거의 모든 도시에서 올 수 있다. 통영 배낭여행은 통영중앙시장에서 시작하는 것이 좋은데, 버스터미널에서 중앙시장까지 운행하는 버스가 많아서 불편함이 없다.

통영중앙시장 주변에는 볼 것이 많다. 먼저 중앙시장 정류장에서 위로 조금만 올라가면 세병관이 나오고, 세병관은 조선 선조 때 이순신 장군의 공로로 세워졌는데, 훗날 통제영의 객사로 사용되었다. 세병관 주변에는 조선시대 수군의 본영의 건물들이 복원되어 있다.

이곳에서 흥미진진한 체험들을 할 수 있다. 연날리기, 활쏘기, 조선 수군복 체험 등이 그것이고, 이곳저곳의 역사적 현장을 경험하는 유익한 시간일 것이다.

세병관에 가기 전에 버스에서 내린 곳이 통영중앙시장인데, 강구항 주변으로 형성된 시장이어서 바닷가 특유의 풍경이다. 해산물 외에 아이들의 먹거리 체험으로는 충무김밥, 해물라면, 통영꿀빵, 방송에서 소개한 완전 저렴한 짜장면 등이 있다.

시장과 맞닿은 강구항에는 조선시대 군선인 판옥선과 거북선이 전시되어 있고, 조선시대 군선의 내부에 직접 들어갈 수 있는 체험이 준비되어 있다. 조선시대 군선을 보았다면 동쪽으로 동피랑 벽화마을이 나온다. 우리나라 벽화마을의 시작이라 할 수 있는 이곳에는 정말 아름다운 벽화들이 골목마다 그려져 있다. 동피랑은 '동쪽 벼랑'이라는 의미인데, 낙후되어 있던 이곳은 2007년에 벽화그리기 공모

전을 하면서 명소로 자리잡았다.

통영 이후 여행지는 통영 유람선터미널에서 갈 수 있는 한산도이다. 통영 앞바다에 있는 임진왜란 3대대첩의 중심지 한산도는 2시간 정도면 둘러볼 수 있다. 또 다른 여행지는 통영루지인데 십대들이 좋아할 어드벤처 체험이 기다리고 있다. 이를 체험하려면 대기하고 탑승하기까지 2시간이 소요된다. 숙박은 통영도 좋지만 다음날 일정을 고려한다면 거제가 편리하다. 통영터미널에 거제로 이동하는 교통편이 많아서 시외버스로 이동할 수 있다.

거제 여행의 시작은 포로수용소이다. 거제포로수용소는 한국전쟁 당시 북한군 포로수용소인데, 그 당시 그대로 유지하고 있다. 관광지 이름인 '포로수용소'답게 당시 한국전쟁의 진행 과정, 당시 전쟁 모습 재현, 포로들의 생활상 재현해 놓았고, 이를 이해할 수 있는 입체영상도 준비되어 있다. VR 체험도 할 수 있어서 한국전쟁을 눈으로 몸으로 체험하도록 구성되어 있다.

이곳에는 한국전쟁관 외에 거제관광 모노레일을 이용하여 포로수용소 뒷산 정상에 올라갈 수 있다. 45도 정도 경사가 짜릿하고 산 정상에서 내려다보는 거제시의 풍경도 간직할 만하다. 십대들에게는 짚라인이 가장 즐거울 것이다. 포로수용소는 모노레일까지 탑승하면 최소 3~4시간 소요된다.

거제포로수용소 이후 일정은 '바람의 언덕'이다. 바람의 언덕은 거제도가 섬이라 바람이 불어온다지만 이곳은 정말 바람이 심하다. 산책로가 있고 풍차가 설치되어 있어서 얼핏 유럽풍이라는 감상에 젖게 한다. 이곳에서 '바람의 핫도그'를 맛보기 바란다. 또한 다소 긴 시간 대중교통을 이용해야 하지만, 버스를 타고 섬의 여기저기를 다니는 것도 추억이고 재미이다.

거제도에서는 외도를 가장 많이 찾는다. 장승포항이나 구조라항에서 출발하여 남해 바다를 가르는 유람선을 타고 이국적인 섬 외도를 찾기를 바란다. 비교적 남쪽이어서 꽃들이 많고, 서양식 정원은 한번은 꼭 가볼 만한 여행지로 손꼽힌다.

내가 십대에게 거제와 통영 배낭여행을 추천하는 이유는 한 도시만 이동하는 것과는 다른 모험과 도전이 필요하기 때문이다. 최남단은 아니더라도 비교적 남쪽 끝이며 두 도시를 이동하기도 하고 섬을 답사한다는 점에서 좀 더 꼼꼼한 준비가 필요하다. 또한 임진왜란과 한국전쟁의 역사 유적지를 남해의 지리적 환경과 함께 답사한다는 즐거움이 있다.

경상도에서 살면서 전라도를 거쳐 충청도를 여행했던 고등학교 시절, 수업시간에 공부한 지역을 직접 버스를 타고 달리는 시간은 무엇과도 바꿀 수 없는 추억으로 남아 있다.

한국사 속으로 7

북큐슈 원폭 현장 나가사키까지

국내 배낭여행을 하면서 용기가 생겼다면, 해외에 도전하기를 바란다. 아이들에게 해외배낭여행지를 추천할 때도 국내여행과 마찬가지로 두 가지를 가장 중요하게 고려하는데, 첫째는 안전성, 둘째는 편리한 교통이다. 나는 이 두 가지를 만족시키는 곳으로 일본 북큐슈 지역을 추천한다.

큐슈는 어른들의 온천 관광지로 알려져 있지만 십대를 위한 체험 여행지로도 손색이 없다. 재미있고 흥미로운 요소도 많다. 큐슈에서도 북큐슈 코스가 더 좋다.

북큐슈의 중심지인 하카타에 가는 길은 부산국제여객터미널에서 배를 이용하거나 비행기로 가는 방법이 있는데, 쾌속선은 3시간이 소요되고, 6시간이 걸리는 카멜리아호가 있다. 배를 타면 하카타국제여객터미널에 도착하고, 비행기를 타면 후쿠오카공항에 도착하는데, 국제여객터미널에서는 버스로, 후쿠오카공항에서는 지하철로 시내로 이동할 수 있다.

북큐슈에 아침에 도착했거나 지하철에서 멀리 떨어져 있다면, 북큐슈의 중심지인 하카타역에서 짐을 코인락에 맡기고 이동하면 편리하다. 500엔(5,000원) 정도면 캐리어를 넣을 수 있다.

첫날은 하카타 주변의 다자이후를 추천한다. 하카타역 바로 옆이 버스터미널인데, 다자이후 는 버스로 40분 정도 달리면 종점이다. 다자이후 텐만구는 일본 헤이안시대 문인 스가와라노 미치자네를 학문의 신으로 모시고 신사이다. 학문의 신이 있는 신사인 만큼 해마다 수험생 학부모들이 많이 찾는다.

우리나라로 말하면 조선시대 과거시험에서 장원 급제를 많이 한 율곡 이이를 학문의 신으로 모시고 있다고 생각하면 되는데, 일본 사람들은 모든 사람이 죽으면 신이 된다고 하는데, 그런 신들을 모신 신사들이 전국에 많다. 그러니 임진왜란을 일으켰던 도요토미 히데요시의 신사도 있는 것이다.

학문의 신이 있는 다자이후 텐만구 입구에는 합격을 기원하는 다양한 부적뿐만 아니라 일본의 문화가 느껴지는 아기자기한 기념품들이 많다. 다자이후 텐만구의 상징인 황소 동상, 학문의 신의 시신을 옮겼다고도 하는데 황소 머리를 만지면 똑똑해진다고 해서 수험생의 필수 코스이기도 하다. 신사 안에는 일본식 정원이 있다.

국내 배낭여행을 하면서 용기가 생겼다면, 해외에 도전하기를 바란다.
아이들에게 해외배낭여행지를 추천할 때도
국내여행과 마찬가지로 두 가지를 가장 중요하게 고려하는데,
첫째는 안전성, 둘째는 편리한 교통이다.

다자이후에서 다시 버스를 타고 하카타역에 도착하면 하카타역 건물이 쇼핑몰이어서 유명한 딸기모찌, 모스버거, 이찌란 라멘 등 먹거리는 물론 가성비 높은 다이소도 있어서 기념품을 고르기에 좋다. 이곳 외에 하카타역에서 도보로 10분 거리의 캐널시티 쇼핑몰도 일본 문화를 즐기려면 가볼 만하다. 숙소는 주로 하카타역이나 근처 텐진역에 있는데, 한국인이 운영하는 게스트하우스가 버스로 2~3코스 거리에 많이 있는데, 소통하기 수월하다는 장점이 있다.

일본여행 이틀째는 나가사키를 추천한다. 십대 배낭여행지로 손꼽는 곳이다. 항구도시이기에 일찍 서양문물을 받아들였고, 그러한 흔적이 유산으로 간직하고 있다. 또한 2차 세계대전 때 2번째의 원자폭탄이 떨어진 장소라는 의미도 크다. 한국 근대사와 함께 여러 생각이 교차한다.

나가사키에 가려면 하카타에서 기차도 있고 버스도 있지만 정확한 스케줄이라면 기차를 이용하는 것이 더 낫다. 하카타역에서 2시간 30분 정도면 종점인 나가사키역에 도착한다.

나가사키역에는 노면전철이 있는데, 노면전철이면 웬만한 곳에 다 갈 수 있고, 우리나라에는 없는 교통수단을 체험할 수 있다.

처음 도착하는 데가 데지마인데, 도쿠가와 이에야스가 권력을 잡은 에도막부 때 서양인들 중 유일하게 출입을 허락되었던 네델란드 상인들의 거주지였다. 이곳은 근대 일본인들의 다양한 대외 관계가 활발했던 시절에 들여온 서양문물이 전시되어 있어서 그 당시 일본

문화를 이해하는데 도움이 된다. 일본무사 복장을 한 일본인들이 여행객을 위해 함께 사진도 찍어주기도 한다.

데지마에서 조금만 걸어가면 나가사키 차이나타운인 신지주카카이이다. 차이나타운인 만큼 중국 음식을 먹을 수 있고, 유명한 나가사키 짬뽕도 있다. 찹쌀떡 속에 딸기가 있는 딸기모찌도 대표 음식이다. 공갈빵을 비롯해서 갖가지 간식거리도 많아서 먹기도 하지만 볼거리도 풍성하다.

신지주카카이에서 나가사키 방향 노면전철로 20분 정도 달리면 나카사키 원폭박물관이 있다. 1945년 8월 9일 2차세계대전 중 2번째 원폭이 바로 이곳에 떨어졌던 것이다. 수많은 사람들이 목숨을 잃었고 도시 전체가 파괴되었는데 그 역사를 담았다.

당시의 여러 가지 사진들, 당시의 벽돌, 찌그러진 유리병, 젓가락처럼 휘어진 철제 구조물 등을 보면서 그 상황이 얼마나 끔찍했는지 알 수 있다. 아이들을 인솔하면서 이러한 전쟁의 역사를 일본은 후손들에게 어떻게 설명을 할까 궁금하다.

다시 노면전철을 타고 가면 나가사키역 맞은편 26인성인순교지가 있다. 일본역사를 이끌었던 오다노부나가, 도요토미 히데요시 때 서양문물을 받아들이면서 함께 들어온 천주교는 에도막부인 도쿠가와 이에야스 시대에 선교 금지령이 내려지면서 수많은 신자들이 순교하게 된다. 그 당시 26명의 신자와 선교사가 죽음을 당한 장소이다.

이곳에 진열된 지도나 여러 서양문물을 보면서 16세기 때 벌써 일본은 세계역사 가운데 들어가 있었고, 그 통로가 나가사키임을 알 수 있다. 종교를 떠나서 일본 근대사를 이해하려면 꼭 답사할 필요가 있다. 또한 이곳은 언덕이라 나가사키 시내도 잘 보이고 서양식 성당이 있어서 시내와는 정취를 느낄 수 있다.

이 정도만 살펴봐도 다시 나가사키에 가려면 시간이 부족할 것이다. 여유있게 즐기려면 나가사키에서 숙박을 하는 것도 좋다. 신지주카카이에서 조금만 걸어가면 '네델란드인의 길'이란 뜻을 가진 예쁜 골목 오란다자카와, 여기에서 조금 더 걸으면 1800년대 세워진 서양식 성당 오우라텐슈도가 있다.

북큐슈에서 또 하나의 코스는 구마모토이다. 물론 나가사키역에서 구마모토로 가는 기차가 있다. 구모모토는 나가사키와 하카타의 중간쯤 되는데, 하카타에서도 나가사키에서도 모두 이동이 가능하다.

구마모토는 2016년 지진 때 무너졌지만 일본의 3대 성 중에 하나인 구마모토 성을 가려는 것이다. 구마모토역에서 노면전철로는 15분 정도 걸리는북큐슈는 지하철과 JR노선 철도를 합해도 8개 정도로 오사카나 도쿄에 비하면 단순하다. 나가사키에서 주로 이용하는 노면전철은 4호선, 구마모토는 2호선 정도이다. 곳이고, 이곳 입구에는 성벽이나 천수각 등이 무너졌지만 다양한 먹거리와 볼거리가 많다.

임진왜란 때 울산성 전투에서 패배한 카토 기요마사가 세웠다고 하는데, 우리 역사와도 연결되고 우리나라 성과는 다른 천수각, 이중해자 등 특징을 가진 일본의 성을 만날 수 있다.

한꺼번에 살펴보는 일정

[부산]

10:00 부산역 이바구 자전기타기 (인력거 타면서 스토리텔링)

11:10 차이나타운 (짜장면 먹기, 공갈빵 먹기, 중국 음식 알아보기)

13:00 감천문화마을 (교복입어보기, 어린왕자 사진 찍기, 예쁜 배경으로 사진 찍기)

15:00 국제시장, 보수동 책방골목, 부평 깡통시장 (중고책 한 권 구입하기, 부산어묵 먹어보기, 꽃분이네 사진 찍기)

17:00 일정 정리

※ 부산으로 오는 교통편이 많고 지하철과 버스 등의 대중교통이 잘 되어 있다.

[전주]

10:00 전주한지체험관 (한지에 대한 설명듣기, 한지 만들기)

11:30 서학동예술마을 (마을 전체가 예쁜 벽화거리)

12:20 전주남부시장 (다양하고 저렴한 먹거리)

13:30 전주한옥마을, 경기전, 전동성당 (한복입어보기, 다양한 간식거리 먹기, 예쁜 배경으로 사진 찍기)

16:30 일정 정리

※ 전주로 오는 버스와 기차가 많고 체험 장소 간의 이동거리가 가깝다.

[대전]

10:00 청소년위캔센터 (클라이밍 체험 또는 다양한 청소년 직업체험)

11:30 대전중앙시장 맛집, 으느정거리, 성심당 빵집 (저렴하고 다양한 시장 음식, 대전의 명동 은행동, 대전에서 가장 유명한 빵집)

15:00 카이스트대학교 탐방과 멘토와의 만남

17:00 일정 정리

※ 대전은 전국 어디든 접근성이 좋고, 대전역으로부터 이동 구간도 멀지 않아 버스나 지하철 이동이 쉽다.

[대구]

10:00　국채보상운동기념관

10:30　대구 근대 골목 투어 (3.1운동거리, 이상화고택, 계산성당, 의료박물관)

12:00　서문시장 맛집 투어, 시장 쇼핑

14:30　김광석거리, 방촌시장

16:00　일정 정리

※ 대구는 전국 어디든 접근성이 좋고, 도보와 버스의 이동이 쉽다.

[그밖에 당일 배낭여행 추천]

- 안동 (안동시장, 하회마을, 탈박물관)
- 여주 (세종대왕릉, 제일한글시장, 황포돛단배 타기)
- 군산 (군산근대역사관, 진포해양공원, 신영시장, 경암동 철길마을)

[경주]

첫째 날	11:00	대릉원, 첨성대, 계림, 꽃길 걷기
	12:30	점심 식사
	13:30	자전거 빌려서 타 보기
	15:00	국립경주박물관
	17:00	황리단길 (한복 빌려 입기, 예쁜 길 사진 찍기)
	19:00	경주 야시장에서 저녁해결
	20:30	안압지 야경 보기
	21:30	숙소 (시내에 숙소 잡기)
둘째 날	10:00	불국사
	11:30	동리목월문학관
	13:00	점심 식사
	14:30	보문호수 또는 보문 레저 체험, 엑스포공원
	16:00	일정 정리

※ 경주는 기차와 버스, 등 대중교통 이용이 쉽고 볼거리와 체험거리가 다양하다.

[강릉 정동진]

첫째 날	11:00	정동진 모래시계 공원
	12:30	점심 식사
	14:00	선크루즈호
	16:00	정동진통일공원
	18:00	저녁 식사 (경포대)
	19:00	강릉 커피거리
	20:30	숙소 (경포대해수욕장 근처)
둘째 날	06:00	경포대해수욕장 일출 보기
	10:00	대관령양떼목장
	12:30	강릉중앙시장에서 맛집 탐방
	14:30	오죽헌
	16:00	일정 정리

※ 정동진은 교통편이 좋지 않으니 지역별로 교통편을 알아봐야 하고, 지역별 이동시간에 따라 위의 일정이 변경될 수 있다.

[서울]

첫째 날	11:00	광화문 광장, 지하 광장, 청계천
	13:00	점심 식사
	15:00	연세대학교 탐방과 멘토와의 만남
	17:00	신촌거리
	18:00	저녁 식사
	20:00	대학로 소극장 공연 관람
	21:30	숙소 (종로 부근)

둘째 날	10:00	상암 MBC월드
	12:30	서촌 일대와 통인시장에서 점심
	14:30	청와대 길 걷기 (청와대 사랑채)
	16:30	삼청동, 북촌 인력거 체험
	18:00	인사동에서 저녁 먹으며 놀기
	21:00	숙소 (종로 부근)
셋째 날	10:00	서울 애니메이션박물관 (애니메이션 제작 체험)
	13:00	이태원에서 외국음식 먹어보기
	14:00	이태원 돌아보기
	15:30	일정 정리

※ 서울은 사실 가 볼 곳이 많아서 역사 유적지나 박물관은 일정에서 제외했다. 위의 일정에서 조정하여 1박 2일은 물론 한두 곳을 더 추가해서 3박 4일도 가능하다.

코스로 읽는 해외여행지

십대 아이들과의 오랜 경험을 바탕으로 모든 일정은 십대를 기준으로 했다. 여러 도시의 배낭여행 일정을 단계적으로 소개한다. 쉽게 시작할 수 있고 실천하는 데 도움을 주고 싶다.

[일본 큐슈]

후쿠오카 (하카타역 – 하카타 시내 – 다자이후 – 하카타 캐널시티)

나가사키 (나가사키원폭박물관, 차이나타운, 데지마, 29성인 유적지)

구마모토 (구마모토성, 구마모토 시내)

※ 교통이 비교적 복잡하지 않고 인구가 많은 도시가 아니라 배낭여행을 시작하기에 좋은 곳이다. 이것도 조금 두렵다면 후쿠오카 지역만 여행해도 된다.

[일본 오사카]

오사카성, 오사카역사박물관, 도톤보리, 도톤보리 리버크루즈, 유니버셜스튜디오, 돈키호테쇼핑, 오사카 스카이빌딩 전망대, 온천 체험, 신사이바시 쇼핑

※ 우리나라 사람들이 가장 많이 가는 코스로 지하철이 서울보다 더 복잡하지만 안전하고 안내가 잘 되어 있다. 블로그에도 다양한 정보가 많아서 한번

시도해 볼 만한 코스이다.

[대만 타이베이]

국립대만박물관, 대만자연사박물관, 대만고궁박물관, 예류지질공원, 지우펀, 중정기념당, 쑨원기념관, 스린 야시장, 시먼딩, 단수이 등

※ 타이베이는 오사카보다 훨씬 교통이 편하고 간단하다. 지하철도 단순해서 이동이 편리하다. 타이베이 시내만 여행하면 많이 힘들지 않다. 단수이나 예류 지질공원, 지우펀 등의 외곽으로 일정을 잡으면 시외버스를 타야 하기에 조금 더 준비가 필요하다.

[블라디보스토크, 우수리스크]

개척리 구한촌, 마약등대, 아르바트 거리, 독수리전망대, 러시아 정교회성당, 우수리스크 고려인역사문화관, 최재형 생가 등

※ 블라디보스토크는 사회주의 체제라는 이미지 때문에 조금 두려울 수 있지만 지하철도 없고 도시가 넓지 않아서 중심지인 아르바트 거리와 해양공원, 혁명광장으로의 이동이 쉽다.

영어 사용률이 낮아도 사람들이 친절하고 최근에 한국인들의 여행객들이 늘어나면서 식당에 한국어 메뉴판도 많아 큰 불편함은 없다.

한국에 비해 물가도 저렴하다. 유럽의 다양한 먹거리들을 맛볼 수 있고, 한국과의 비행시간도 길지 않아 최근 해외여행지로 인기가 많아지고 있다.

[오사카, 나라, 교토]

오사카 (오사카성, 도톤보리, 유니버셜스튜디오, 난바거리)

교토 (국립교토대학, 청수사, 귀 무덤, 국립교토박물관, 교토역)

나라 (동대사, 사슴공원)

※ 3개의 도시를 이동해야 하는 일정이다. 교토와 나라에 지하철이 원활하게 다니는 코스로 일정을 만들었다. 간사이 스루패스로 모두 다닐 수 있으며 도보로도 이동이 가능한 곳이다.

[도쿄]

국립도쿄박물관, 우에노공원, 아메요코전통시장, 오다이바 비너스포트, 오다이바 자유의 여신상, 오다큐쇼핑몰, 신주쿠거리, 도쿄디즈니랜드, 도쿄 도청사 타워 등

※ 세계에서 가장 복잡하고 사람들이 많은 곳이 도쿄 지하철이다. 지하철 타기가 두렵다면 코스를 줄이고 몇 곳만 가도 된다. 이동시간을 여유 있게 가지면서 지하철 티켓 한 장을 들고 도쿄여행을 시작해 보자.

[라오스]

비엔티엔 남푸광장 – 왓 시 사켓사원 – 빠뚜싸이 – 부다파크 – 방비엥 레포츠

※ 라오스는 대중교통이 잘 발달되지 않았지만 툭툭이를 이용해서 대부분의 장소로의 이동이 가능하다. 방비엥에는 한국 여행객이 가장 많고 한국 현지 여행사들이 있어서 꼼꼼히 준비를 한다면 쉽게 다닐 수 있다.

[북경]

만리장성, 이화원, 자금성, 천단공원, 왕부정거리, 전문 거리

※ 북경 지하철은 우리나라와 흡사하다. 지하철 노선도만 익히면 만리장성 빼고 모두 다닐 수 있다. 일본이나 대만보다 안전도가 떨어지지만 배낭여행을 못 다닐 만큼의 위험한 나라는 아니다. 앞으로 중국 배낭여행객이 늘어날 거라고 생각한다. 중국의 발전 속도는 훨씬 빠르다.

고급 단계는 위의 추천 여행지 몇 곳을 다닐 수 있다면 특별히 위험한 지역 외에는 모든 지역을 다닐 수 있다. 준비만 꼼꼼히 한다면 가능하다. 런던, 파리, 로마는 일본보다 지하철 이용이 쉽다. 다만 국경을 넘어 이동할 때 조금 신경을 쓴다면 유럽 배낭여행도 문제가 없다. 미국여행도 충분하다.

라오스가 가능하다면 캄보디아도 가능하고 베트남도 가능하다. 북경이 가

능하다면 상해도 가능하고 중국의 고대 도시 서안도 충분히 가능하다.

세부나 보라카이같이 숙소만 잡아서 다니는 경우는 초급보다 더 쉽다. 숙소를 예약하고 해양 레포츠 몇 개 선택해서 체험하고, 근처 시내에서 즐기는 것은 대중교통을 이용하는 배낭여행보다는 쉽고 편하다.

다시 말하지만 위의 코스는 십대의 해외 배낭여행을 좀 더 쉽게 시작하도록 도와주기 위한 나의 생각이다. 정답은 아니지만 도움이 되었으면 한다.

PART 5
독서 여행은
나의
성장 엔진

여행이란
젊은이에게는 교육의 일부이며
연장자에게는 경험의 일부이다.

베이컨

독서는
또 다른 여행입니다

나는 낯선 곳을 다니며 새로운 문화를 경험하는 것을 좋아한다.

하지만 시간이 항상 있는 것도 아니고 모든 지역을 다 다닐 수 있는 상황이 아니기에 책 속으로 여행하는 것을 좋아한다. 특히 십대는 어른만큼 자유롭지 않고 이곳저곳을 다닐 만한 환경이 아니기에 독서 여행을 추천한다.

여행은 휴식과 새로운 시각을 갖게 하는데, 독서여행도 이와 동일하다. '독서는 앉아서 하는 여행이고 여행은 걸어 다니면서 하는 독서'라는 말이 있는 것처럼 특히 독서가들은 독서와 여행을 하나로 생각한다. 미지의 세계를 발견하고 호기심을 키우며 생각을 넓혀간다는 점이 같다. 독서여행을 통하여 그곳에 더 가고 싶고, 여행지에서 만나지 못한 정신을 알아차린다.

"선생님, 결례를 무릅쓰고 이렇게 말씀 드리는 이유는 제 개인의 소유욕이나 허영심이 아닙니다. 저에게 양보하는 것이 아니라 박물관에 양보하는 것입니다."

선조에게 물려받은 재산을 문화재를 수집하는 일에 사용한 간송 전형필, 그가 안동 김씨 김용진에게서 신윤복의 〈미인도〉를 구입할 때 한 말이다. 그는 그동안 수집한 문화재를 모아 후손들을 위해 최초의 박물관을 지으려는 계획을 세웠다. 우연히 방문한 안동 김씨 김용진의 집에서 미인도를 본 그가 이렇게 구입한다.

간송미술관은 1년에 단 두 차례, 5월과 10월에 각각 15일 동안 개관하는 특별한 미술관이다. 그렇기 때문에 언제나 쉽게 갈 수 있는 곳이 아니다. 몇 년 전 서울의 어떤 미술관 개관 기념으로 간송특별전이 있었다. 15일 동안이 아니라 비교적 오랫동안 전시했고, 간송미술관에 소장된 귀중한 문화재를 기쁜 마음으로 보러 갔었다. 아이들과 함께 간송미술전을 보러 가면서 『간송 전형필』이라는 책을 소개했다. 학교 추천도서여서 몇몇 아이들은 그 책을 읽었다고 했다.

"선생님, 책을 읽고 오니까 〈미인도〉나 〈훈민정음〉을 지켜낸 간송의 마음이 느껴져요."

"우리나라에 대해 다시 생각하게 된 시간입니다."

그때 그 친구의 얘기를 듣고 순간 전율을 느꼈다. 간송 특별전에 전시된 훈민정음을 여기에서만 보았다면 어쩌면 '국보구나!' 또는 '우리 한글이 이렇게 만들어졌구나!' 정도만 생각했을 것이다. 『간송 전형필』을 읽으면 간송이 훈민정음을 구입하는 과정이나 한국전쟁 때 목숨을 걸고 소중하게 지켜냈다는 대목이 나온다.

이 친구는 책의 내용들을 생각하면서, 왠지 모를 애국심이 생겨난 것이다.

"선생님,『진랍풍토기』에 나온 그 대목이 여기에 있어요."

캄보디아에서 옛 앙코르 제국의 도시였던 앙코르톰을 여행할 때였다. 앙코르톰에는 중앙에 바이욘사원이 있었는데 그곳에 당시 모습을 알 수 있는 벽화가 그려져 있다. 그 벽화 가운데 배가 그려져 있고, 배 밑에는 수없이 많은 물고기가 있었는데, 그야말로 물 반 고기 반이었다.

캄보디아 배낭여행을 준비하면서 소개한 책 중 한 권이 원나라 사신 주달관이 캄보디아에 있으면서 겪은 일을 기록한『진랍풍토기』이다. 진랍은 옛날 캄보디아를 원나라에서 부르는 이름이다. 그는 책에서 톤레삽 호수를 다녀오고 난 뒤에 이런 표현을 했다.

'고기가 너무 많아 노를 저을 수 없었다.'

13세기 때 앙코르 제국이 지은 도시 앙코르톰 안에 있는 바이욘사원 벽에는 주달관이 이 책에서 묘사한 당시의 생활상이 그대로 벽화로 그려져 있었다. 그 학생들에게는 더 현실감 있게 와닿았을 것이다.

나는 궁금한 점이 있거나 새로운 호기심이 생기면 관련된 책이 있는지 먼저 검색한다. 요즘은 인터넷이 발달해서 다양한 정보가 있다고 말을 하지만, 실제로 정확하고 구체적인 정보는 책에서 얻는다.

꼭 원하는 곳으로 떠나는 것만이 여행이 아니다. 내가 모르는 것, 궁금한 것을 찾아가는 것도 여행이다. 책을 통한 여행도 가능하기에 십대들에게 좋은 책을 많이 읽기를 바란다. 십대 때 독서여행에서 다양한 멘토를 만나고 다양한 직업들을 만났으면 좋겠다. 여행지마다 다 갈 수 없듯이 모든 멘토를 다 만날 수 없고, 모든 직업을 다 체험하기 어렵다. 그러니 독서를 통해 간접 여행을 하라는 것이다.

> 삶의 진정한 승리자가 되고 싶다면 지금 당장 내신 점수를 올리는 것보다 더 중요한 일은, 독서를 통해 스스로를 깨우치고 경영하는 일이랍니다. 책 속에서 멘토를 발견하고 에너지를 되찾고, 꿈을 이루세요! 책을 통해 진짜를 만들고, 진실된 스승을 섬기고, 내면의 방황과 고민도 다스리세요! 그렇게 책을 통해 여러분이 원하는 찬란한 미래를 만드시기 바랍니다. _십대 책에서 길을 묻다 중에서

부산을 떠나본 적이 없는 아이가 있었다. 초등학교 5학년 겨울방학 때 아버지의 책장을 살펴보다가 호기심에 한 권을 꺼냈다.

하버드대 유학 이야기인 홍정욱의 저서 『7막 7장』이었다. 부산이 세상의 전부인 줄 알았던 그에게 '7막 7장'은 더 넓은 세계로 인도하는 인생의 안내서였다.

"어머니, 저 고등학교를 미국에서 다니고 싶습니다. 그리고 하버드

대학에 합격하겠습니다."

그때부터 그의 목표는 미국 유학이었고 그 목표를 이루기 위해 노력했다. 그의 이름은 김현근. 그는 하버드대학은 아니지만 프린스턴대학을 수시 특차 입학하였고, 대기업에서 주는 장학금을 받을 수 있었다. 그는 독서를 통해 또 다른 세계를 경험했고, 그곳에 대한 희망을 품었다. 그리고 그 희망은 현실이 되었다.

> 나는 문제집만 빽빽하게 꽂혀 있는 서점이 싫었다. 어린이 코너는 따로 마련되어 있으면서 중고등학생 코너에는 약속이라도 했는지 입시 문제집만 꽂혀 있는 그 모양새란, 책을 한 권 더 읽기보다 문제집을 한 권 더 풀라고 말했던 대한민국에서 그만 정신의 끈을 놓고 말았다. _여고생 보라의 글 중에서

여고생 보라는 고등학교 1학년을 마치고 8개월 동안 동남아 일주를 하였다. 인도의 캘커타에서는 테레사 수녀의 정신을 계승하고 있는 마더하우스에서 봉사를 했다. 엄마의 회사 동료로부터 선물 받은 책『다르게 사는 사람』을 읽은 후였다. 그녀는 장애인, 성소수자, 청소년 등, 다양한 십대 소수자들의 목소리를 담은 그 책을 읽으면서 그들을 위해 무언가를 해야겠다는 다짐했다고 한다. 때때로 책은 여행보다 더 풍성하게 영향을 주면서 또 다른 미래를 연결하기도 한다.

일본여행이 풍요롭다면

"선생님, 추워도 너무 추운데요, 숙소에 가면 안 될까요?"

경주에 남자 고등학생들과 함께 서울에 왔다. 인사동과 탑골공원에서 미션을 모두 수행하고 우정총국에서 모였다. 11월 중순 서울의 밤은 여느 때보다 쌀쌀하고 바람이 매서웠다.

"애들아, 이제 마지막 한 곳만 더 다녀와서 숙소에 가자."

"선생님, 어디를요? 그냥 숙소로 가요."

아이들의 원망을 들으면서 겨우 도착한 곳은 바로 일본대사관 앞 소녀상이었다.

그때 내게 떠오른 책이 있었다. 언젠가 일본대사관 앞에서 수년째 소녀상을 지키고 있던 대학생들이 방송에 나온 적이 있었다. 일본이 사죄하고 역사를 바르게 세우는 일에 헌신하는 대학생들을 보면서 부끄러웠다.

그래서 방송이나 인터넷 뉴스 정도로 알고 있던 일본인 '위안부'를 제대로 알아서 우리 아이들에게 꼭 전해주고 싶었다. 그때 일본인 '위안부'에 관해 여러 책을 읽었는데, 그때 내 마음에 감동이 되고 도움이 되었으며 또 다른 우리의 책임을 묻고 있었다. 『20년 간의 수요일』(윤미향 지음, 웅진 주니어)이 그 책이다. '비가 와도 눈이 와도 병상에 누워 있어도'가 이 책의 시작이다.

어쩌면 우리 학생들과 함께 간 그날 밤에 잘 어울리는 구절이었다. 눈은 오지 않았지만 수능 한파가 있다는 그날에도 홀로 그 자리를 소녀상 혼자 지키고 있었다.

『그것은 희망이었습니다』는 한때 정신대, 위안부, 일본군 '위안부'로 불려지는 일제강점기에 일본군들에게 피해를 입은 여성들의 이야기를 다루었다. 다른 어떤 책을 소개할 때보다 조심스러운 것은 이분들이 입은 상처를 나의 작은 단어 하나하나로 표현할 수 없다는 것이다.

그래도 이 책을 소개하고 싶은 텔레비전이나 신문에서 하지 못한 이야기들이 많았다. 일본군 '위안부'가 무엇인지, 어떻게 그러한 일들이 일어났는지에 대해 이야기하고 있다. 그리고 그동안 일본대사관 앞에 있었던 수요집회에서 무엇을 하였는지, 어떠한 변화가 일어났는지도 소개하고 있었다.

특별히 『세상에서 가장 아름다운 고백』에는 김학순 할머니의 이야기가 담겨 있다. 나의 눈시울을 적시게 했다.

할머니는 1991년 8월 14일 일본군 '위안부' 피해자 중 최초로 공개증언에 나섰다. 그동안 숨겨왔던 이야기, 아픈 과거를 텔레비전을 통해 모두에게 전달한 분이다. 그 이후 미국, 유럽 등을 다니며 세상에 알리고자 했던 일본군 '위안부'의 실체와 일본의 공식적인 사과를 받기 위한 다양한 소리를 담고 있다.

"선생님, 할머니가 너무 추워 보이는 것 같아요? "

남자 녀석들이라서 무감각할 줄 알았는데, 소녀상을 보면서 여러 이야기를 하고 있다. 방금 전까지만 해도 춥다고 난리치던 놈들이 소녀상을 좀 따뜻하게 할 방법이 있는지 의논하고 있었다.

'정말 분하고 분통해서 그 말을 어떻게 다 할 수 있겠어요. 당하면서도 어떻게 기가 막히고 가슴이 아픈지 말이 안 나와요' _김학순 할머니의 증언 중에서

머리로 알던 캄보디아,
가슴으로 알다

어느 날 문득 캄보디아라는 간이역에서 내렸다. 잠시 한숨만 돌리고 떠날 생각이었다. 하지만 쉽사리 이곳을 떠나지 못했다. 무엇 때문인지도 모른 채 여정은 캄보디아에서 멈춰버렸다. _책 속에서

사진작가 박준의 책 『언제나 써바이 써바이』(웅진윙스)는 이렇게 시작된다. '언제나 써바이 써바이'는 저자의 말처럼 캄보디아에서 잠시 쉬려고 내렸던 사람들이 캄보디아에서 평안을 느끼고 간이역에서 내려 정착했다는 이야기를 담았다.

'써바이'는 '행복하세요'라는 뜻인데, 지구상에서 가난하다는 캄보디아 사람들을 보면서 '언제나 써바이 써바이'라는 제목이 뭔가 맞지 않다는 생각이 들면서 책 속에 무엇이 있을까 궁금했다.

"선생님, 캄보디아 일정에 봉사활동을 계획하신 건 정말 신의 한 수여요."

몇 년 전에 가르치던 아이들과 함께 캄보디아로 봉사활동을 다녀오자 원장 선생님의 말씀이었다. 아이들이 손수 청소를 하고, 설거지를 하고, 때가 꼬질꼬질한 아이들을 씻기고, 그들과 함께 놀면서 웃는 것을 보면서 흐뭇하셨던 모양이다.

캄보디아는 그 후 1년에 한 번씩 꼭 찾아간다. 이곳에 다녀온 아이들은 한결같이 같은 말을 한다.

"이 친구들은 우리보다 훨씬 더 많이 웃고 맨발로 다니면서도 행복한 얼굴이에요."

아파트가 아닌 움막 같은 집에서 살면서, 전기가 없어서 충전용 배터리로 텔레비전을 보는 상황이었고, 국제봉사단체에서 배식하는 하루 한두 끼의 식사로 살아가는 사람들이었지만, 그들은 행복해 보였다.

이 책에는 공고를 졸업하고 유흥업소 관리자, 단란주점 주방장, 티켓다방 꼬마사장 등의 파란만장한 인생을 살았던 김기원 씨 이야기도 있다. 그는 영국에 워킹 홀리데이를 가려고 했었단다. 그러나 공항 여직원의 실수로 영국 행에 실패하고, 형이 캄보디아의 공사 현장에 있는데 함께 가자는 제의에 캄보디아로 갔다.

봉사단체였던 '다일공동체'에서 공사를 하면서 다양한 현지인들을 만났다고 한다. 원래 처음 계획은 5개월만 그곳에서 일하고 돌아갈 생각이었지만 공사가 끝났어도 여전히 그곳에 남아서 봉사자로 1년, 또 1년을 그곳 사람들과 함께 지냈다.

"내가 천사라고? 천사는 다 죽었다!"

이렇게 말하는 김기원 씨의 감동이 있는 이야기 외에도 코이카 단원으로 한국어를 가르치고 있는 백지윤, 의료시설이 부족한 캄보디아에서 무료 진료를 하는 치과의사 최정규, 시아누크빌에서 간호학과 학생들을 가르치고 있는 양영란, 캄보디아로 와서 우물을 파고 부모 없는 아이들을 돌보고 있는 김형기 등 다양한 직업과 스토리를 가지고 캄보디아에 살아가고 있는 사람들의 이야기가 함께 담겨 있다.

나는 이 책을 읽고 나서 앙코르 제국의 역사 탐방이 주제였던 캄보디아여행의 방향을 완전히 바꾸었다. 원래 캄보디아 배낭여행은 중국 북경, 일본 교토, 백두산 역사탐방을 진행하면서 세계문화유산 앙크로 제국 역사탐방을 추가하랴 했다.

그러던 중 서점에서 캄보디아나 동남아 여행을 관련 책을 찾다가, 제목이 독특해서 '이건 뭐지?' 하면서 골랐는데 그 책이 바로『언제나 써바이 써바이』이다.

사실 처음에는 제목에 모르는 단어가 있어서 흥미를 못 가졌고, 내가 관심 있는 역사 이야기가 없고 사람들 이야기뿐이어서 실망했다. 그런데 한 사람 한 사람의 스토리를 읽어가면서 내가 전혀 몰랐던 캄보디아를 만난 것 같았다. 머리로 아는 캄보디아여행을 하려고 했다는 자책감이 들 정도였다.

이 책은 캄보디아의 한쪽만 아는 내게 각성제였으며 아이들에게 또 다른 감동을 줄 수 있는 무엇인가를 찾게 하였다.

이 책은 사람들이 어떤 인생을 살아야 하는지에 대해 의미있는 메시지를 담고 있다. 인생에서 한번쯤은 나 아닌 다른 사람들을 돌아볼 수 있는 계기를 마련해 줄 수 있을 거라 생각한다. 특별히 십대에 이런 좋은 고민을 하게 된다면 더 좋을 것이다.

서양미술사를 읽었더니

"선생님, 파리 미술관 투어에 관한 책 좀 추천해 주세요."

아이들이 책을 추천해 달라고 한다. 이처럼 미술과 예술의 도시 파리 여행, 그것도 처음 파리 여행은 떠나는 사람은 기다리면서 매일매일이 새롭고 행복하다고 한다. 특히 미술을 좋아하고 관심 있어 하는 사람들에게는 파리는 더 행복한 시간을 선물할 것 같았다.

아파트와 빌딩이 익숙한 우리나라의 풍경과는 달리 중세에서 멈춰버린 듯한 파리의 건축물과 거리의 음악 소리 그리고 파리 시민에게서 느껴지는 여유와 낭만은 학업에 매진하느라 표정까지 잃어가는 우리 청소년들에게도 동경의 도시가 되어준다.

"선생님, 파리에 오니까 공부할 게 더 많은 것 같아요."

대구에서 참가한 여학생은 2년 전에 유럽 배낭여행에 참가해 파리에 왔었는데, 두 번째 참가하면서 공부할 게 더 많아졌다고 고백하는 것이다. 미술을 좋아해서 대학에서 전공을 염두에 두고 있어서 더 관심 있게 보는 것 같았다.

나 역시 파리를 여러 번 다니지만 갈 때마다 공부할 게 너무 많았다. 더 알아보고 싶다는 생각에 이 책 저 책 읽기도 했다. 대학에서 전공과 관련된 미술사를 조금이나마 배웠다지만 강의실의 배움과 현장은 확연한 차이가 있었다.

본격적으로 서양미술을 한번 제대로 공부해 보고 싶었다. 특히 미술의 중심도시 파리부터 공부하기로 했다. 그래서 인터넷에서 책도 알아보고 여러 권의 책을 읽어보았다. 그 중에 한국에서 미술을 전공하고 파리에 유학해서 미술가로 활동하면서 미술관투어 후배들을 양성하고 있는 지인에게 파리 미술에 대해 가장 먼저 읽어야 할 책을 소개받았는데, 바로 이 책이다.

『루브르와 오르세의 명화 산책』(김영숙 지음, 마로니에북스)의 목차를 살펴보면서 마음에 쏙 들었다. 내가 관심을 가지고 있는 그림들이 시대별로 딱 정리가 되어 있어서 보기가 정말 편했다. 고고학을 전공하다가 어쩔 수 없이 발을 담갔던 서양화가 무척 낯설었는데, 이 책은 편안하게 서양화의 세계로 안내하는 듯한 느낌이었다. 파리 미술과 서양화를 더 사랑하게 만든 묘한 매력이 있었다.

이화여대에서 미술사를 전공하고 미국과 국내에서 다양한 강의와 저술활동을 하고 있는 김영숙 선생님의 책이다. 루브르와 오르세의 다양한 작품을 미술사 흐름별로 소개하고 있다는 게 가장 큰 장점이다. 청소년들이나 미술에 관심 있는 사람을 위한 입문서이다.

이탈리아의 초기 르네상스부터 바로크, 북유럽미술, 인상주의, 상징주의로 이어지는 미술을 흐름별로 설명하고 있다. 또한 루브르, 오르세 두 미술관의 작품 해설집 역할도 하고 있어서 혹시나 파리 미술관 여행을 간다면 꼭 읽어볼 것을 추천한다.

"밀레의 〈만종〉을 보고 있으니 왠지 숙연해지네요."

"밀레와 옆에 있는 다른 화가들도 모두 시골 풍경을 그렸네요? 평화로워보여요."

아름다운 자연을 그린 사람들을 '바르비종파'라고 하는데, 오르세 미술관에 가면 밀레와 함께 전원생활을 그린 바르비종파 화가들의 작품들을 많이 볼 수 있다.

> 바르비종은 프랑수아 1세가 건축한 퐁텐블로 성이 있는, 프랑스에서 가장 아름다운 산림 중 하나이다. 19세기 중엽 산업 발전으로 매캐해진 도시(파리)의 각박함에서 벗어나기 위해 화가들이 하나 둘 바르비종에 모여들기 시작했다. 잘 알려진 루소, 코로, 도비니, 뒤페레, 밀레, 디아즈 드라페냐, 트루아용 등이 소위 바르비종의 일곱 별로 알려져 있다. _책 속에서

화풍의 스타일, 작가의 스타일, 작품의 설명까지 잘 나와 있어서

파리 미술여행에서 이 책과 함께 한다면 더 행복한 시간이 될 것이다. 저자 김영숙 선생님은 '내 삶의 한 시기를 들뜨게 했던 곳, 루브르와 오르세에 대한 설명이 필요한 이들에게 도움이 되었음 좋겠다'고 했다.

고구려 역사 기행 필독서

"선생님, 광개토대왕릉비가 이렇게 큰 줄 몰랐네요, 비석만 보아도 광개토대왕의 업적과 그가 차지했던 영토가 상상이 돼요."

광개토대왕릉비는 높이 6.39미터, 무게 37톤이나 되는 화강암으로 된 비석이다. 우리 역사 위인 중에서 가장 존경받는 사람 중 한 분이다. 그렇기 때문에 초등학생 때부터 우리는 그의 이야기나 업적을 많이 알고 있다. 안타까운 것은 그의 흔적은 거의 북한이나 중국에 남아 있어서 실제로 찾아다니기는 많이 어렵다는 것이다. 때문에 중국 백두산 고구려 유적 답사는 역사적으로도 큰 의미가 있다.

『고구려. 발해 역사기행』(박혁문 지음, 정보와사람)은 백두산 여행을 하고 싶다는 생각에 비용도 아낄 겸 인천에서 출발하는 배를 타기 위해 서울에 갔다가 짬을 내어 서점에서 구입했다. 마침 내가 생각하는 고구려 발해 일정과 거의 비슷한 목차여서 단숨에 읽게 되었다.

배를 타고 가는 나에게 응원이라도 하듯 책 중간에 '고구려 여행의 출발점은 당연히 배여야 한다'고 나와 있어서 더 기쁜 마음으로 구입했다.

급히 책을 고르긴 했지만 저자의 책에는 고구려 만주 지역에 관련 저서가 많았고, 고등학교에서 가르치는 교사여서 더 신뢰감이 있었다. 이후에 내가 준비한 프로그램인 고구려 여행의 필독서로 선정하였다.

이 책은 발해만, 당동, 환인, 집안, 백두산 서파 등으로 이어지는 고구려 역사와 훈춘, 돈화, 용정, 백두산으로 이어지는 발해와 독립운동의 역사를 중심으로 답사가 진행되는 내용이다. 여행의 동선뿐만 아니라 고구려 발해 역사 상식이나 우리에게 잘 알려지지 않은 내용까지 다루고 있다.

"오녀산성은 정말 요새 중에 요새네요? 이곳에서 내려다보면 적들이 쳐들어오는 게 다 보이겠네요."

아이들이 오녀산성에 올라오면 늘 하는 말이다.

오녀산성의 높이는 821미터로 아주 가파르기 때문에 등반하기가 쉽지 않다. 버스를 타고 내린 후에는 입장료를 내고 999개의 계단을 통해 산 정상까지 올라갈 수 있다. 오녀산성에는 태극정이라는 정자가 있는데, 동가강과 환인 지역을 다 볼 수 있다. 이곳에서 바

라보는 혼강의 모습은 정말 장관이다. _책 속에서

고구려를 세운 주몽이 부여국에서 빠져나와 이곳 졸본에 나라를 세웠다. 오녀산성이 있는 환인에서 버스로 3시간 정도 가면 고구려 두 번째 수도인 국내성이 있는 집안이 나온다. 이 책을 읽다보면 고구려의 성장 흐름을 그대로 느낄 수가 있다.

넓은 만주 평야를 호령했던 고구려와 발해의 역사가 지금 세계를 향해 무한 도전에 나서는 젊은이들에게 정신적 뿌리였던 자랑스러운 역사였다고 가슴속에 각인시켜야 한다. 이것이 우리가 만주를 찾고, 고구려와 발해를 찾아야 할 이유다. _머리말 중에서

1937년 고려인
강제이주 사건 기록

'까레이스키'는 옛 소비에트 연방 붕괴 이후의 독립국가 연합 전체에 거주하는 한민족을 이르는 말이다. 부산에서 블라디보스톡의 비행기 항로가 생기면서 가깝지만 낯선 유럽인 이 도시를 찾았다. 우리나라 독립운동이야기, 발해 유적들, 유럽 문화 등 생각하면서 블라디보스톡과 주변 도시를 다녔다.

블라디보스톡에서 100km 떨어진 우수리스크라는 도시가 있는데, 이곳은 발해의 솔빈부가 있었던 곳이었고, 조선 말에는 우리 민족이 살았던 곳이다. 우수리스크에 고려인문화센터가 있는데, 이곳은 우리 민족의 연해주 지역 정착과 독립운동 이야기들이 있다. 이곳에 전시되어 있는 패널 하나하나를 보고 있는데, 내 머릿속에 강하게 새겨지는 단어가 있었다. '1937 고려인 강제이주'였다.

'고려인 강제이주'에 대해 조금 알고 있었지만 잘 모르는 역사였다. '고려인 강제이주'는 연해주에 살고 있는 약 175,000명의 고려인들을 우즈베크공화국, 카자흐공화국, 타자크공화국 등 구소련 내의 중앙아시아로 스탈린이 강제로 이주시킨 사건이다.

『까레이스키, 끝없는 방황』(문영숙 지음, 푸른 책들)은 바로 이 사건을 다루고 있었다. 방송 프로그램인 1박 2일에서 중앙아시아 까레이스키를 찾아갔던 적이 있다. 머나먼 타국에서 김치를 먹으며 발음이 잘 안 되어도 '아리랑'을 부르는 장면을 보면서 가슴이 먹먹했었다.

나는 이 상황을 좀 더 자세히 알고 싶었다. 백과사전이나 동영상도 찾아보았지만 아쉬움이 있었다. 그때 고르고 고른 책이 바로 이 책이다. 1937년부터 시작해서 많은 죽음이 있었던 강제이주와 그 이후의 삶의 이야기를 하고 있다. 내가 만나는 아이들에게 하고 싶은 이야기가 이 책에는 그대로 담겨 있었다.

"어디로 간데요?"

"시베리아 횡단 철도를 타고 가야 한다는 것밖엔 아무것도 아는 사람이 없어요." _책 속에서

사흘 전에 이주명령서가 떨어졌고, 아무것도 모른 채 아무것도 준비하지 못한 채 연해주 고려인들은 40일을 시베리아 횡단열차를 타고 강제이주 당했다. 혹한의 추위를 견디지 못한 수많은 사람들이 이

동 중인 열차에서 죽어가야 했고, 너무나 낯선 땅 중앙아시아 우슈토베에서도 그렇게 죽어갔다.

강제이주 열차를 타고 오면서 추위에 얼고 뼈골이 상한 사람들은 얼음이 비석거리는 움막에서 겨울을 나는 동안 마지막 남은 기운까지 모두 써 버린 듯했다.

무작정 멀리 떨어진 곳에 어쨌든 살아내야 했던 그들은 낮에는 먹거리를 찾아 다녀야 했고, 밤에는 그들과 죽어버린 시신을 탐내는 늑대와 싸워야 했다. 그렇게 삶의 전쟁에서 살아 남은 사람들이 지금 러시아에 살고 있는 고려인들이다.

이 책은 우리가 잘 모르고 있던 소중한 이야기를 하고 있다. 소설이기에 작가의 상상력이 포함되어 있지만 단편적인 사건을 이해하는 것보다 더 깊이 사실감을 전해준다.

저자 문영숙 선생님의 작가의 말에 '떠돌이가 된 독립투사들의 후손을 기억하며'라고 말한다.

'고려인이라고 불리우는 까레이스키' 중에는 조국의 독립을 위해 싸운 후손들이 많다. 조국을 위해 살았지만 조국에서 살지 못하는 안타까운 분들의 후손이다. 우리는 이들을 기억해야 하고 더 많이 알려줘야 한다. 그러한 길에 조금이라도 도움이 되는 책이다.

선생님과 함께 떠나는 문학답사기

이 책이 중고등학교 선생님과 학생들에게 문학 작품을 살아 있는 그 어떤 것으로 느끼게 하고 하루를 그것과 호흡하게 하는 데 좋은 길잡이가 되리라 믿습니다. _머리말 중에서

『선생님과 함께 떠나는 문학답사』(국어교사 20명, 창작과비평) 책은 학부모들이 좋아하는 학습과 여행을 함께 다루고 있다. 문학답사 책이 여러 권 출간되었지만 학생들과 선생님들이 함께 다니며 만든 내용이라서 더 재미있고 알차다.

"아이들과 함께 문학답사를 하고 싶은데, 가능할까요?"

체험학습으로 만난 어머니인데, 중학교 국어교사라고 하시면서 도서관 도우미 아이들과 함께 경주 문학여행을 하고 싶다고 하셨다.

그동안 역사여행을 주로 다녔지만 중학생들과 함께하는 문학기행도 재미있겠다 싶어서 도움이 될 만한 책을 여러 권 구입하고 조언을 해드렸다. 그때 구입한 책 중의 한 권이다.

그 이후에도 다른 학교에서 문학기행을 요청하는 경우가 있었다. 그동안 역사 프로그램 위주로 진행했는데, 문학기행 테마 등 다양한 접근도 가능하겠다는 생각이 들게 한 책이다.

"경주를 딱딱하게 생각했는데, 자전거도 타고 시내버스를 타고 목월생가와 동리목월문학관을 다녀오는 것도 재미있겠네요."

선생님은 내가 제안한 프로그램에 매우 흡족해 하셨다.

나는 아이들과 함께 포항에서 경주까지 직행버스로 이동하고, 경주에서는 시내버스로 이동해서 다녔다. 아이들의 흥미를 위해 대릉원 주변에서 자전거를 대여해서 함께 타기도 했다. 동리목월문학관에서 아이들은 문학관의 여러 자료들을 진지하게 둘러보기도 하고, 선생님이 학교에서 배운 내용에 대해 꼼꼼한 설명하셔서 진지하게 들었다.

이 책은 서울 경기 지역을 비롯해서 제주도까지 각 지역에 있는 문화답사기가 실려 있다. 그곳을 배경으로 쓴 소설이나 시를 학생들과 함께 이야기하고 그런 환경을 통해 만들어진 작가의 사상이나 생각도 서술하고 있다.

그뿐만 아니라 학생들과 함께 간 맛집 이야기와 학생들이 겪은 재미난 사건들이 있어서 읽는 내내 함께 여행하는 것처럼 편안해진다.

시간적 흐름을 따로 정리해 두어서 답사 참고자료로 사용하기에도 충분하다. 문학답사는 작품 속으로 빠져 들어가게 해주는 문이다.

> 진주고 문학 탐구 동아리 학생들과 황선영 선생님이 토지의 배경이 되었던 하동 평사리 최참판댁 세트장으로 갔다. 관광 해설사의 설명이 끝난 후 서희가 머물던 별당채에 머물고 있는 아이들에게 선생님이 과제를 내주셨다.
> "애들아, 저 아래로 가면 임이네, 용이네, 서 서방네 집 등을 볼 수 있어. 각자 가지고 온 카메라로 소설 '토지'속 장면을 촬영해 봐." _책 속에서

십대들을 꿈꾸게 하는
9권의 책

지리쌤과 함께하는 80일 간의 세계여행

전국지리교사 모임 지음, 폭스코너

우리나라 주입식 교육 현장에서 사회와 지리는 언제나 이해가 아닌 '암기' 과목으로 인식되어 있다. 초등학생 때는 가본 적도 없는 국내 여러 곳의 특징을 외워야 했고, 중고등학교 때는 나랑 전혀 상관없는 다른 나라의 자연환경이나 역사 등을 줄줄이 외워야 했다.

이 책은 암기 과목으로 치부하기엔 너무 많은 상식과 교양이 될 수 있는 사회와 지리를 좀 더 쉽게 접근할 수 있도록 초중고 선생님들이 함께 모여 만든 책이다. 선생님들은 세계화 시대에 살고 있는 아이들에게 글로벌 이슈에 대한 이해와 국제적 감각을 익히게 하는 일이 정말 중요하다는 인식을 가지면서 뜻을 모으게 되었다.

사회는 교과서만으로 공부하기에는 부족하다. 모든 지역을 다니며 역사와 문화를 알면 좋겠지만 더 좋은 방법은 책을 통해 만나는 것이다. 이 책은 현장에서 아이들을 직접 가르치는 선생님들이 쓴 책이라 더 추천할 만하다.

또한 여행하면서 겪은 에피소드와 함께 그 도시와 그 지역의 자연환경을 이야기하고 있어서 수업보다 훨씬 재미있다. 그밖에 최신의 이슈도 함께 다루고 있어서 시사 학습에도 도움이 된다.

지리쌤과 함께 하는 우리나라 도시 여행

전국지리교사 모임 지음, 폭스코너

"여행 책이에요? 아니면 공부하는 책이에요?"

내가 어느 학부모 특강 이후 이 책을 잠깐 소개했는데, 그때 한 학부모님이 던진 질문이다.

이 책은 학습 관련 책과 여행 정보 책의 경계를 허물어 준, 한마디로 말해 여행 책이면서 공부에도 도움이 된다. 앞에서 소개한 책은 세계사를 주로 다뤘다면 이 책은 우리나라 특히 도시탐방을 통해 그 지역의 환경, 사회, 문화 등을 다루고 있다.

기존의 지리 학습서는 학생들이 알아야 할 정보를 교과 관련 지식

위주로 설명하고 있는데, 이 책은 학습 정보 외에도 가볼 만한 곳을 사진 자료와 함께 실어 놓았다. 그 도시 지명에 관한 유래와 다양한 볼거리가 가득한 여행 정보책이라고 할 수 있다.

지리를 외우지 않고 여행하듯이 공부한다면 얼마나 쉬울까? 청소년 추천 여행지를 이곳에서 간추려 뽑아서 다녀도 좋겠다. 지리가 좀 어려운 학생들에게는 지리에 대해 쉽고 재미있게 접근할 수 있도록 도와주고, 지리를 좋아하는 학생들에게는 지리 공부에 날개를 달아 줄 수 있다.

청소년을 위한 혁명의 세계사

박남일 지음, 서해문집

"선생님 제목이 좀 그런데요?"

세계사에 관심이 많은 중2 여학생한테 이 책을 선물로 주었을 때 돌아온 반응이었다. 그런데 막상 읽어보니 재미있었다고 한다. '혁명'이라는 말에 처음에는 거부감이 들었지만 우리나라의 역사든 세계의 역사든 모두가 혁명과도 같은 전쟁으로 점철된 건 사실이니까.

노예였지만 세계 최대의 로마군단을 상대로 싸웠던 스파르타쿠스의 이야기부터 '정관의 치'라고 불릴 만큼 중국역사에서 뛰어난 당대의 정치와, 오직 국왕만이 최고의 권력을 가지고 있었던 절대왕정을 무너뜨린 영국의 명예혁명과 미국이 참전해서 최대의 실패라고 했던 베트남 민족 해방 전쟁 등의 이야기를 읽고 있으면 고대에서부터 현대까지의 역사의 흐름을 쉽게 이해할 수 있다. 이 책은 조금 두껍지만 세계사를 공부하고 있는 청소년들이 부교재로 활용하기에도 좋다.

십대를 위한 직업 콘서트

이랑 지음, 꿈결

"너는 꿈이 뭐니? 뭘 하고 싶은데?"라고 십대에게 물으면 "저도 아직 잘 모르겠어요.", "생각 안 했는데요."라는 대답이 대부분이었다.

어른들은 이제 갓 청소년이 된 아이들에게 꿈을 강요하고, 고민하기 전에 결론을 요구한다. 직업 역시 모든 직업을 체험하고 어떤 직업인지 하나씩 알면 좋겠지만 현실에선 아직 부족한 게 많다.

저자는 한국고용정보원에서 직업과 진로에 대해 연구하고 있는 이력답게 청소년들에게 진로와 직업에 대한 조언을 해주고 있다.

과학과 공학, 의료보건과 웰빙, 교육과 사회, 컴퓨터와 IT, 국제무대, 예술과 문화, 법과 비즈니스의 큰 분류 안에서 세부적으로 나눠서 다양하게 일하고 있는 직업들을 소개하고 있다. 현장에서 직접 일하고 있는 직업인들을 인터뷰한 내용도 다루고 있어서 좀 더 현실감이 느껴진다.

광고 천재 이제석

이제석 지음, 학고재

한국에서 알아주지도 않던 지방대 출신의 별 볼 일 없는 광고쟁이 이제석은 뉴욕 생활 1년 만에 국제 광고제를 싹쓸이 했다.

이 책은 사람들이 미처 생각하지 못한 창의적이고 독창적인 저자의 아이디어를 통해 독특한 발상을 하는 데 영감을 줄 수 있다.

공장 굴뚝 벽면에 권총의 총구와 굴뚝을 연결해 마치 총에서 연기가 나오는 것 같은 효과로 그림을 그린 후에 '대기 오염으로 한 해 6만 명이 사망합니다'라는 문구를 넣었다. 그는 이 광고로 세계적 권위의 '윈쇼 칼리지 페스티벌' 최고상을 수상했다.

그 외에도 이 책은 이제석이 출품하고 국제무대에서 수상한 다양한 광고 작품들이 다수 소개되어 있다. 그림 자료가 풍부해서 읽는 재미가 있다. 나는 머릿속이 복잡해서 생각이 더 이상 앞으로 나아가지 못할 때 이 책에서 답을 얻는다. 기존에 가지고 있었던 것만 생각하면 답이 없다. 생각의 전환이 필요하다. 다음세대를 변화시켜야 할 청소년에게 꼭 필요한 재능을 훈련시켜 주는 책이다.

멈추지 마, 다시 꿈부터 써 봐

김수영 지음, 웅진지식하우스

김수영은 어릴 때부터 춤추는 걸 좋아해서 서태지와 아이들의 춤을 잘 췄다. 중학교에 올라가면서 소위 '잘 나가는 언니'로 결국은 중학교를 중퇴 후 검정고시로 이듬해에 실업계인 여수정보과학고에 입학하게 된다.

고등학교 1학년 때 '대학생'이라는 꿈을 가지게 되었고 고3 때 여수에서 열린 KBS 〈도전, 골든벨〉에서 여상 출신 최초로 골든벨을 울리고 연세대에 당당하게 합격했다. 연세대를 졸업한 후에는 세계적인 금융회사인 골드만 삭스에 재직하다가, 또 다른 꿈을 꾸며 런던으로 가서 다국적 기업인 로열 더치쉘 영국 본사에서 카테고리 매니저로 일하고 있다.

청소년 때의 롤모델은 이순신 장군이나 세종대왕처럼 위인이거나, 빌게이츠나 반기문 전 유엔 사무총장처럼 우리가 쉽게 대할 수 없는 인물이 아니다. 김수영처럼 언니 같고 누나같이 친근한 사람이 더 큰 위력을 발휘할 때가 있다.

영국의 다국적 기업에 근무하며 세계의 여러 지역 사람들을 만나 꿈을 인터뷰하고 그들의 도전적인 메시지를 담은 두 번째 책도 출간한 바 있다. 젊기에 아직 멈추지 않는 김수영의 끊임없는 도전은 우리 학생들에게 또 다른 도전적인 메시지가 될 것이다.

책 서두에는 73개의 그녀의 꿈이 담겨 있다. 그리고 그녀는 그 꿈 목록을 하나씩 지워가면서 또 다른 꿈을 향해 멈추지 않고 도전하고 있다.

이 책을 읽고 독후 활동으로 자신의 꿈 100가지를 적게 했다. 자신의 꿈을 발표하는 한 명 한 명을 보면서 그 아이들의 희망찬 내일과 대한민국의 미래를 보았다.

신도 버린 사람들

나렌드라 자다브 지음, 김영사

> 불가촉천민은 카르마(업, 운명)의 논리에 세뇌되어 살아왔다. 미천한 일을 하는 것은 모두 전생의 악업 때문이라고 믿는 것이다. 나에게는 카르마가 없다. 내 스스로 운명을 선택했고 지금의 내 모습은 그 결과이다. 나는 가장 낮은 곳에서 가장 높은 곳으로 도약했다. _책 속에서

인도에는 고대로부터 내려오는 카스트라는 신분제도가 있다. 그런데 이 카스트에 속하지 못하는 신분이 있다. 불가촉천민(달리트, 하리잔) 또는 아웃카스트라고 하는 이들은 짐승보다 못한 삶을 살며 그들 스스로도 신이 자신을 버렸다고 생각한다.

일반 사람들은 이들이 접촉하는 모든 것을 부정하다고 여겨 일반 평민이 사는 동네에 살지 못하며 일반 사람들이 마시는 우물에 손도 댈 수 없다.

태어나면서부터 결정되어진 신분을 모두가 인정하고 그대로 받아들이며 살아왔지만 이 책의 주인공 나렌드라 자다브는 태어난 신분을 절대로 바꿀 수 없다는 인도의 절대적 진리를 통째로 바꿔버린 인물이다. 그는 국제적 명성을 얻은 경제학자로 인도중앙은행 총재를 거쳐 다음의 인도를 이끌 대통령으로 지목되는 사람이다.

이 책은 불가촉천민으로 태어나 숱한 고생을 하면서도 신분을 인정하지 않고 끊임없이 도전하고 싸운 그의 가족의 이야기를 담았다.

'개천에서 용 난다'라는 말은 현시대에는 맞지 않는 말이다. 하지만 운명은 충분히 스스로 개척하고 새롭게 만들어 나갈 수 있다.

청소년은 자신의 주변 환경만 탓하지 말고, 더 나은 환경을 위해 바꿔보려는 노력을 끊임없이 해야 한다. 이 책을 통해 나렌드라 자다브의 도전 정신을 배웠으면 좋겠다.

북한 아이들 이야기

이은서 지음, 국민출판사

나는 아이에게 다가가 숨을 쉬는지 안 쉬는지 유심히 지켜보았어요. 아무래도 죽은 것 같아 발끝으로 툭툭 건드렸어요. 몸이 뻣뻣하게 굳은 채 꿈쩍도 안 해요.

나는 얼른 신발을 벗겨 새까맣고 상처투성이인 동생 발에 신겼어요. 아이가 채 씹지 못해 입 안에 든 강냉이는 두 손으로 입을 벌린 후 손가락을 쑤셔 넣어 꺼냈어요. 그러고는 눅눅한 강냉이를 옷에 여러 번 문댄 후 동생 입에 넣어 주었어요. _책 속에서

우리가 살고 있는 세상에는 우리와는 전혀 다르게 살아가는 또 다른 사람들이 많이 있다. 다음세대를 이끌 우리 십대들에게 그러한 이웃을 돌아볼 수 있는 마음이 있었으면 좋겠다고 생각해서 추천한다. 그들을 돌아보고 조금이라도 도움을 주려면 그들에 대한 이해가 필요하다.

이 책은 북한 아이들 중에서도 정말 힘들게 살아가고 있는 아이들의 이야기이다. 같은 민족이라서 도와주어야 한다기 보다는 내가 조금 더 갖고 있고 더 나은 형편이라면, 도움이 절실한 이웃에게 베풀 수 있어야 한다고 말하고 싶다.

존 우드는 잘 나가던 마이크로소프트사를 사직하고 히말라야 오지에 도서관을 만들어 자신만을 위한 삶이 아니라 이웃을 돌아보는 삶을 살았다. 점점 개인화 되어가고 공동체의식이 사라져가는 이때에 같은 민족을 넘어서 우리가 생각하고 관심을 가져야 할 친구들임을 일깨운다.

'넌 네가 얼마나 행복한 아이인지 아니?'

이 책을 읽게 되면 우리가 그동안 누리고도 잊어버리고 있었던 소중한 것들을 깨닫게 할 것이다.

십대에 꼭 해야 할 32가지

김옥림 지음, 미래문화사

1318세대에게 드리는 인생 멘토링이다. '선생'의 한자를 살펴보면 먼저 선(先), 날 생(生)이다. 먼저 태어난 사람은 누구나 인생의 선생이 될 수 있다. 어떠한 삶의 모습이든지 선배는 후배에게 할 이야기가 있다. 이 책은 청소년 시기를 보낸 인생의 선배들이 후배들에게 꼭 해주고 싶은 메시지를 담았다.

"청소년 시기가 중요해"라고 말하면서도 딱히 뭘 하라고 구체적으로 말해 주기가 머뭇거려진다. 이럴 때 이 책을 추천하면 좋겠다.

'일주일에 한 편씩 글을 쓰자.'

'감사의 편지를 자주 쓰자.'

'나만의 좌우명을 갖고 인생을 멋지게 살자.'

십대의 아이들과 이 책을 읽으면서 32가지 모두 다 하기는 힘들 것 같아서 '자신이 할 수 있는 것 10가지'를 고르게 했다. 그리고 그것을 구체적으로 실천할 수 있는 방법이 어떤 것인지도 적게 했다.

어쩌면 바쁜 학업 때문에 평소에는 생각조차 해볼 수 없었던 일들이 이 책을 읽음으로 인해서 하나 둘씩 가능해질 것이다.

빌딩을 지을 때 세우는 철골 구조물을 골조라고 한다. 이 철골 구조물을 잘 세워야 튼튼하고 안전한 빌딩을 세울 수 있는 것처럼 꿈의 골조를 잘 세워야 꿈의 빌딩을 잘 지을 수 있다.

십대는 꿈을 꾸는 시기가 아니라 꿈의 골조를 세우는 시기이다.

별책부록
나 홀로 배낭여행 가이드

여행은 편견 많고 고집 세고
오만하던 나를 뿌리 째 바꿔 놓았다.
여행을 통해 수많은 사람들을
만나면서 좀 더 유연해졌고
너그러워졌으며, 무엇보다 자신을
있는 그대로 사랑하는 법을 배울 수
있었다.

여행은 최고의 공부다 (안시준 지음)
중에서

처음인데,
잘 할 수 있을까?

'우리 아이가 나의 도움 없이 다닐 수 있을까?'

배낭여행의 필요성을 알더라도 막상 걱정이 앞선다. 그래서 좀 더 쉽게 아이들 스스로 준비하도록 몇몇 팁을 소개하려고 한다.

첫째, 가까운 곳 시내버스 타기

초등학교 4학년 이상이면 사회 시간에 자기가 사는 곳에 대하여 학습한다. 이때부터 아이들은 자기가 사는 지역에 관심을 갖고 스스로 부모님의 간섭 없이 무언가를 해보려는 욕구가 생긴다. 이 시기에 아이들에게 스스로 대중교통을 이용할 수 있는 기회를 주면 좋다.

하루 온종일 시간을 내서 아이와 함께 시내버스 타는 날을 정하자. 처음에는 아이 혼자 버스 종점까지 가보게 하고, 엄마가 종점에서 기다린다면 아이들은 안정감을 느낀다. 혼자서 버스 종점까지 잘 도착했다면 그 다음은 종점이 아닌 다른 정류장을 선택하고 그곳에서 만나자고 한다. 같은 방법으로 한두 번 훈련이 되면, 아이들 혼자서 버스를 타는 일에 겁내지 않는다.

미션 수행 과제를 주고 적절한 포상하면서 격려하면, 대중교통 이용하기가 더 이상 두렵지 않다.

둘째, 혼자가 두렵다면 친구들을 동원하자.

먼 길을 가장 빨리 갈 수 있는 방법 중에 첫 번째가 친구와 함께 가는 것이다. 처음 배낭여행을 시작할 때 친구들과 함께하는 것도 좋다. 부모님과 동행하는 여행에 비할 바는 아니지만 친구들과 함께라면 재미있고 서로 의지되고 도와주게 된다. 경험상 3~5명 정도가 가장 적당하다.

셋째, 친구들과 함께 장거리 대중교통 이용하기

시내버스 타기가 어느 정도 적응이 되면 다른 도시를 다녀올 수도 있다. 미리 시내버스와 시외버스 이동 경로를 찾아보고 친구들과 함께 가도록 한다. 이런 도전이 가능하다면 스마트폰과 비상시 연락 가능한 몇몇 전화번호만 가지고도 웬만한 도시를 여행할 수 있다.

목표했던 도시만 달랑 다녀올 것이 아니라 내친 김에 그곳 재래시장에서 점심도 먹어 보고, 유적지에서 인증샷을 찍어보는 등 미션을 수행하면 훨씬 흥미롭다. 무엇보다 부모님의 도움 없이 친구들끼리 다녀본다는 경험은 무엇과도 바꿀 수 없는 소중한 공부이다.

넷째, 하루 종일 코스거나 친척집이나 지인 집에서 1박 2일을 도전하자.

이제 시외버스 타기에도 부담이 없다면 아침 일찍 출발해서 저녁 늦게 돌아오는 프로그램에 도전하자. 이쯤 되면 간식을 따로 챙겨주지 않고, 용돈만 줘서 아이들 스스로 하루 동안 규모 있게 돈을 사용하는 법을 스스로 배울 기회가 된다. 좀 멀리 있는 친척집에 다녀오거나 지인들 집에서 하룻밤 보내고 온다면 자립심도 길러진다.

중학교 1학년생과 배낭여행을 여러 번 진행하면서 부모님 도움 없이 혼자나 친구들끼리 시외버스를 타고 친척집 등을 다녀본 경험이 있는지 묻자 10~15%가 그렇다고 대답했다. 실제로 프로그램을 진행해 보면 초등학교 고학년생이면 충분히 가능하다.

다섯째, 국내 배낭여행과 해외 배낭여행에 도전하자.

위의 단계가 모두 잘 되었다면 친척집이나 지인들 집이 아닌 자신의 숙소를 구하게 하고 하룻밤 자고 오는 미션도 가능하다. 요즘 아이들은 인터넷 활용을 어른보다 더 잘해서 숙소 예약을 아이들에게 맡겨도 충분히 잘 해낸다. 여행비를 어느 정도만 책정한다면 그 안에서 충분히 계산이 가능하다. 숙소를 정하고 나면 관리자와 통화하여 예약 사항을 확인할 필요는 있다.

고등학생이어도 가까운 일본 일정이라면 충분히 가능하다. 점차 학생들의 해외배낭여행이 늘어나는 추세여서 전문 여행사를 통한다면 안전하고 실속 있는 여행을 할 기회가 얼마든지 있다. 가족끼리 해외여행을 가더라도 아이들에게 부분적으로 일임하는 것도 좋다.

얼마 전 대구, 영천, 포항, 경주의 중1 아이들(대부분 서로 모르는 사이)과 함께 안동 배낭여행을 성공적으로 마치고 부산에 가려던 일정을 변경해 서울로 가게 되었다.

경주에서 밤기차를 타고 새벽에 청량리역에 도착해서 아침을 먹고 아이들끼리 서울대학교 - 성균관대학교 - 북촌 - 강남고속버스터미널에 다녀오는 일정으로 진행했다. 중간에 조금 늦어지긴 했지만 모든 일정을 잘 수행했고, 이대로라면 국내 1박 2일 여행도 충분히 가능할 것 같았다.

어떤 아이들이든 가능성은 충분하다. 다만 경험이 많지 않아서 시간이 걸릴 뿐이다. 그러기에 부모님들이 기다려주고 믿어주면 된다.

여행은 외부 활동이 대부분이기에 체력적으로는 여학생이 더 힘들어하지만, 아이들과 함께 프로그램을 하다보면 남학생보다 여학생이 센스있고 꼼꼼해서 프로그램 일정을 잘 진행하고 주도하는 편이다.

해외 배낭여행의 경우는 특히 그렇지만 체험여행이라는 점에서 서두를 필요가 없다. 특화된 프로그램이 얼마든지 있고, 기회도 많다. 자립심과 도전 정신을 길러주자는 취지도 좋지만, 무엇보다 안전이 우선이어서 아이에게 딱 맞는 시기가 올 때까지 기다리면서 천천히 진행하는 것도 좋다.

청소년 전문 여행사에서 진행하는 프로그램에 한두 번 참여해 보면서 경험이 쌓이고 작은 모험이 큰 용기가 갖게 할 것이다.

국내여행을 실속있게 준비하기

지금부터는 실전에 필요한 정보와 진짜 여행을 설계하고 준비하는데 실질적인 도움이 될 수 있는 이야기를 하려고 한다.

여행 설계하기

여행을 하기 전에 먼저 고려해야 할 것은 '어디로 갈까? 무엇을 먹을까? 어떤 테마로 한번 떠나볼까?'이다.

처음 여행은 단순히 다녀왔다는 것에 의미를 두지만, 두 번째 여행부터 실속 있고 느낌 있는 여행이라야 진정한 가치를 느낀다.

드라마 촬영장 가 보기, 부산 지하철타고 벽화마을 가 보기, 기차타고 전주한옥마을에 가서 한복 체험하기, 가을 문경새재 걷기와 레일바이크 타기, 서울의 대학교에서 학식 먹기와 멘토 만나기, 그리고 인천 차이나타운이나 남해 독일마을 같은 외국 마을 가 보기, 안동민속마을이나 양동민속마을 같은 전통마을 가 보기 등 전체의 주제와 틀을 잡아보는 것도 중요하다.

SNS를 이용하기

혹시 여행지나 여행의 주제를 못 정했거나, 주제와 방향은 정했는데 좀 더 좋은 정보를 얻고 싶다면 어떤 방법들이 있는지 알아보도록 하자. 포털사이트 검색을 통해 직접 다녀온 사람의 꼼꼼한 후기와 생생한 사진자료를 보면서 내가 가게 될 여행지에 대해 구체적인 계획을 세울 수 있게 된다. 다소 주관적인 정보지만 그 안에 내가 궁금해하는 것이 거의 다 들어 있다.

각 지역 관광청 축제 정보

우리나라는 사계절이 뚜렷하고 산촌, 농촌, 어촌과 더불어 특색 있는 중소 도시들이 있어서 다양한 지역 축제에 참여해 볼 수 있다. 검색해 보면 사실상 일 년 열두 달 내내 축제가 끊이지 않고 열린다.

내가 원하는 지역으로 여행을 갔는데, 마침 그곳에서 축제를 한다면 지역 색깔의 다양한 볼거리와 먹거리를 체험할 수 있다. 무료체험 정보도 많기 때문에 축제 정보를 활용해서 여행을 다니는 것도 좋은 방법이다.

또한 각 시청이나 도청 홈페이지에 들어가서 테마별 관광상품들이 다양하게 소개된 관광정보메뉴를 활용하는 것도 좋은 방법이다.

그 밖에 시청에서 운영하는 무료체험 정보나 관광인센티브처럼 혜택을 받을 수 있는 시청이나 도청 홈페이지를 적극 활용해 보자.

여행 관련 책

요즘은 여행 관련 책들이 다양하게 많이 나온다. 죽기 전에 꼭 가봐야 하는 여행지, 엄마와 함께 하는 주말여행 코스, 제주도 버스타고 다니기, 우리나라 기차여행, 교과서에 나오는 여행지, 중고등학교 문학여행지 등 한나절 코스부터 당일, 1박 2일까지 객관적이고 정확한 여행정보를 얻을 수 있다.

자녀가 있는 집이라면 여행 관련 책이 한 권 정도 있으면 좋다. 여행 정보는 자주 바뀌니까 그 외에 더 필요한 자료가 있다면 도서관을 이용하라.

공연관람 체험하기

여행을 가더라도 단순히 둘러보고 추억에 남을 뭔가를 계획하면 좀 더 의미 있는 여행이 될 것이다. 지방 아이들은 서울에 가면 좋아하는 비보이 공연이나 연극, 뮤지컬도 좋고, 대학로 소극장에서 하는 공연을 관람하는 것도 좋다. 보통 60분~90분 정도 소요되기에 일정을 짤 때 미리 시간을 잘 계산하면 알차게 시간을 활용하는 것이 가능하다.

여름의 갯벌 체험과 해상 체험, 그리고 대전의 클라이밍 체험, 인사동과 부산역의 인력거 체험과 같이 장소와 계절에 맞는 체험이 다양하다. 그렇기 때문에 비용을 잘 고려해서 원하는 체험을 하면 좋겠다.

대중교통편 알아보기

배낭여행에서 비중을 차지하는 게 있다면 그것은 교통편이다. 대중교통이 잘 발달한 곳일수록 배낭여행을 다니기가 쉽고, 하루에 한두 번의 버스만 다니는 곳이라면 그만큼 어려워질 것이다. 그러니 일정을 짤 때도 가장 중요한 부분이 교통편이다. 이동이 비교적 쉬운 방법으로 일정을 짜는 게 제일 좋다.

네이버나 다음에서 길 찾기로 일정 점검

가야 할 도시가 정해지고 갈 곳도 몇 곳을 정했다면 이제 좀 더 구체적인 시간 배정이 필요하다. 이러한 대략적인 계획 없이 그냥 출발한다면 길거리에서 낭비되는 시간으로 인해 제대로 둘러보지도 못한다. 재미있는 여행이 아니라 오히려 고생만 하다가 끝나는 여행이 될 수 있다.

네이버의 길 찾기에서 대중교통으로 이동하는 시간과, 도보로 이동하는 것까지 대략적인 시간이 나오고 지도로 볼 수 있어서 처음 가는 곳이라도 헤매지 않을 수 있다. 시내버스나 지하철 같은 대중교통을 이용한다면 미리 노선과 동선을 파악해 두면 수월하다.

코버스, 버스 타고, 코레일 예약

스마트폰이 잘 되어 있어서 요즘은 검색 몇 번만으로도 모든 것을 해결할 수 있는 시대이다. 고속버스 예약은 코버스, 시외버스 예약은 버스타고, 기차표 예매는 코레일 애플리케이션을 다운 받으면 된다.

이동 경로가 많은 경우는 미리 시외버스 구간인지 고속버스 구간인지 그리고 청소년 요금으로 비교했을 때 어떤 교통편이 비용이 적게 드는지도 확인해봐야 한다. 구간에 따라 시외버스가 더 빠를 때도 있고, 기차가 더 빠를 때도 있다. 1박 2일이나 그 이상일 경우는 교통수단을 여러 개 알아보는 것이 비용을 절감할 수 있는 방법이다.

스마트폰으로 예약을 하거나 부모님이 예약한 것을 이미지로 다운로드 해 놓으면 굳이 표를 구입하지 않아도 된다.

프리패스, 교통카드, EBL패스

부산지하철에는 4,000원이면 하루 종일 다닐 수 있는 패스가 있다. 한 도시에서 오랫동안 지하철을 이용한다면 조건에 맞는 패스를 적절히 활용하는 것도 좋다. 학생들은 돈을 가지고 다니기에 불편할 수도 있으니까 교통카드 한 장으로 해결하는 것도 좋다.

요즘은 교통카드가 지역에 상관없이 전국적으로 통용되기 때문에 무척 편리하다. 주중에 고속버스를 마음대로 탈 수 있는 EBL 패스도 있다. 오랫동안 국내여행을 한다면 비용을 많이 줄일 수 있는 합리적인 패스이다.

맛집 가 보기

블로그나 페이스북, 카카오스토리에 소개된 맛있는 음식 사진을 보면 먹고 싶다는 생각이 많이 든다. 어떤 사람들은 먹는 것이 여행의 절반이라고 말한다. 학생들은 비싸고 맛있는 음식보다는 양이 푸짐한 음식을 더 좋아한다. 친구들과 함께 하는데 무엇인들 맛이 없겠는가?

어른들이 맛집을 찾는다면 청소년들은 맛난 군것질거리를 찾기도 한다. 맛있거나 특이한 먹거리를 한번 찾아보는 것도 여행의 재미를 더하는 방법이다.

아이들과 여행할 때는 각 지역의 유명한 전통시장투어를 하는 것도 좋다. 양도 푸짐하게 먹을 수 있고 값싼 향토 음식들을 두루 맛볼 수 있다. 또 시장에 있는 분들이 아이들을 많이 예뻐해주셔서 덤으로 더 많이 주시기도 하니까, 재래시장 특유의 온정도 느낄 수 있다.

대학 탐방에서 멘토 만나기

십대들의 여행인 만큼 미래를 꿈꾸는 여행도 좋을 것 같다. 가서 공부에 도움이 되는 이야기를 들으면 좋겠지만, 꼭 그런 목적이 아니더라도 선배들이 하는 이야기를 한번 들어보는 것도 크게 도움이 된다.

대학생 멘토를 만날 때는, 부모님이나 지인의 소개로 미리 시간을 정하고 만나도 되고, 아는 대학생이 없어도 그냥 학교를 탐방하면서 만나게 되는 선배에게 양해를 구하고 그 사람을 인터뷰해도 된다.

후배들이 뭔가를 배우려고 이렇게 적극적으로 나와서 묻는데, 냉정하게 거절하는 대학생들은 없을 것이다. 오히려 더 격려해주고 심지어 예쁜 누나한테 떡볶이도 얻어먹었다는 아이들도 있다.

그런 의미에서 볼 때, 미리 가 보는 대학탐방은 아직 어린 학생들이 학업에 대한 큰 그림을 그려볼 수 있게 해준다.

구글 맵, 사람들에게 물어보기

가끔씩 길을 몰라서 헤맬 때, 가장 좋은 방법은 다른 사람들에게 물어보는 것이다. 용기도 키울 수 있고 사람들을 어떻게 대하는지도 배울 수 있는 시간이다.

그런데 만약 주변에 물어볼 사람이 없다면, 구글 맵을 이용하면 된다. 구글 맵에서 현재 위치를 누르면 본인의 위치가 인식되고, 지도를 보면서 대략적으로 가야 할 방향을 가늠할 수 있다. 이동할 때마다 구글 맵에서 현재 자신의 이동 경로를 실시간으로 보여주기 때문에 길을 잃어버리지 않고 원하는 목적지까지 쉽게 찾아갈 수 있다.

먼저 안전한 나라로 해외여행

국내여행에 어느 정도 감을 잡고 기차와 버스 같은 대중교통의 이용에 익숙해졌다면, 이제는 해외로 눈을 돌려보는 것도 좋다. 어른들처럼 온전히 즐기기 위한 여행 일정이나 힐링의 목적으로 떠나는 여행보다 재미와 학습이 함께 이루어지는 여행이 좋다.

혈기왕성한 십대 친구들은 재미있는 프로그램과, 어느 정도의 과제가 주어지고 활동성 있는 일정이 오히려 힐링이 된다.

국내 배낭여행을 시작할 때처럼 처음에는 아이들끼리 보내는 것보다 어른 한두 명과 함께 먼저 여행하기를 추천한다. 국내여행보다는 해외여행이 훨씬 많은 리스크가 있고 예상하지 못한 문제들이 생길 때가 있다. 혹시나 처음에 너무 고생을 많이 하면 역효과가 나서 해외여행이나 여행 자체를 기피할 수 있기 때문에, 처음에는 조금 안전하게 시작하는 게 낫다.

그렇기 때문에 문제를 함께 해결해 나갈 수 있는 어른이 동행하면 좋다. 굳이 해외여행 경험이 많지 않아도 아무 문제는 없다. 그저 낯선 곳에서 여행을 하다가 어려운 상황에 처하게 되더라도 함께 해결해 나가는 과정이 중요하기 때문이다.

청소년 전문 배낭여행사가 주관하는 해외 배낭여행에 참가해 보는 것도 좋은 방법이다. 한두 번 정도 다니다 보면 그 다음부터는 용기가 생길 것이다. 혼자보다는 친한 친구들끼리 모아서 보내는 것도 좋다고 생각한다.

처음에는 부모님이 전체적인 큰 틀을 잡아주고 목적지, 항공, 숙식, 여행경비 등의 세부적인 일정은 아이들 스스로 짜 볼 수 있도록 미션을 준다. 그러고 나서 마지막에 최종적으로 한 번만 확인해 주면 된다.

설계하기

국내여행과 마찬가지로 어디로 갈 것인지가 가장 중요하다. 십대 청소년들이라고 해서 아무데나 막무가내로 가는 것은 아니다. 어느 책에서 봤거나 텔레비전에서 유심히 봐 둔 곳이 있다거나, 그 지역의 문화에 관심이 있거나 해서 해외 한 두 곳 정도는 마음속으로 생각해 둔 나라가 있을 것이다.

십대 해외 배낭여행 계획을 세울 때는 다음의 사항들을 꼭 확인해

봐야 한다.

첫째, 그 나라 그 지역은 어느 정도 안전한가?

둘째, 그 나라 그 지역은 교통이 잘 발달되어 있는가?

셋째, 그 나라 그 지역의 문화나 역사는 어떤 영향을 줄 수 있는가?

넷째, 그 나라 그 지역의 물가는 어느 정도 인가?

이렇게 나라 지역 또는 전체적인 틀을 잡는 게 먼저다.

블로그나 카카오스토리, 페이스북 등의 인터넷 활용

국내여행처럼 아무래도 사람들이 다녀온 정보가 정확하다. 요즘은 주로 사진들을 많이 찍고 올리기 때문에 바로 이전에 다녀온 식당이나 즐겼던 곳 등의 다양한 정보를 얻을 수 있다. 다양한 방법으로 인터넷 정보를 충분히 검색해서 종합해 보면 내가 얻고자 하는 정보를 어느 정도 찾을 수 있을 것이다.

단, 지극히 주관적인 정보들이 많기 때문에 내가 의도했던 것과 약간의 차이가 날 수 있음을 염두에 두고 정보를 수집해야 한다.

여행 관련 책을 여러 권 활용하기

나는 해외 배낭여행을 준비할 때는 여행 책 한 권 정도는 꼭 구입하라고 하고 싶다. 블로그나 인터넷 정보는 주관적인 정보가 많기에 좀 더 객관적인 정보는 책에서 찾아야 한다.

라오스의 수도 비엔티엔에서 시내버스 14번을 타고 가면 태국 국경선 부근에 부다파크라는 불상조각공원이 있다. 개인적으로 비엔티엔의 유적들 보다 훨씬 더 좋아서 라오스를 다녀온 분들에게 물으니 거의 안 가 봤다고 했고, 소개된 블로그도 없어서 가는 방법을 찾기가 쉽지 않았다.

인터넷에서 찾을 때는 정보가 거의 없었는데, 여행 책에서 그곳 정보가 자세히 나와 있는 것을 보고 꼭 한 번 가 봐야겠다고 생각했다. 또 여행 책에는 우리가 놓치기 쉬운 꿀팁들도 수록되어 있으니, 객관적인 전문 정보를 얻기에 여행 책만한 것도 없다.

하나 더 말하자면, 한 권보다는 두 권이 좋다. 여행정보가 담겨진 책과 에세이처럼 여행기가 있는 책을 함께 읽으면 다양한 정보를 얻을 수 있다.

지역 교통 정보, 박물관이나 유적지 정보, 맛집 정보 등이 여행 책에 잘 나와 있고 무엇보다도 관광지도나 도로 교통지도를 얻을 수 있어서 좋다. 인터넷 정보와 함께 종합한다면 훨씬 더 알찬 여행이 될 것이다.

만약 친구들 몇 명과 함께 갈 계획이라면, 정보 검색하는 것을 각자 분담해서 한 후에 나중에 수집한 정보를 공유하는 것도 좋다.

항공 예약

여행의 시작은 항공예약부터다. 항공스케줄을 먼저 잡고 난 뒤에 거기에 맞춰서 구체적인 여행 일정을 계획해야 한다. 물론 가까운 일본이나 중국 같은 경우는 항공편이 많이 있으니까 문제가 되지는 않지만, 그래도 모든 여행 일정의 시작은 항공편 예약이다.

요즘은 항공 예약을 하는 곳이 워낙 많고 다양하다 보니 콕 집어서 어느 곳을 추천하기가 힘들다. 그래도 십대의 여행이다 보니 보다 안전한 곳을 선택하는 게 좋다.

- 하나투어 www.hanatour.com
- 모두투어 www.modetour.com
- 인터파크 tour.interpark.com
- 여행박사 www.tourbaksa.com

요즘은 중국이나 일본은 물론이고, 동남아도 대부분 저가 항공사들이 운항을 한다. 그리고 저가 항공사들은 예약하기도 아주 간단해서 소규모로 진행할 때는 항공사에서 바로 예약하는 것도 좋다.

- 부산에어 www.airbusan.com
- 진에어 www.jinair.com
- 제주에어 www.jejuair.net
- 티웨이 www.twayair.com
- 이스타항공 www.eastarjet.com
- 에어서울 flyairseoul.com

한때는 저가 항공사가 조금 불안하다는 생각도 했었지만 지금은 동남아 운항의 50퍼센트 이상을 저가 항공사들이 차지한다고 할 정도로 활발한 운항을 하고 있다. 저가 항공사라고 해도 안전하고 예약과 취소도 수월하니까 한번 시도해 볼 만하다.

숙소 예약

십대 때의 배낭여행에서 숙소는 게스트하우스를 추천한다. 해외여행을 처음 시작하거나 여행 경험이 많지 않아서 걱정되는 사람에게는 그 중에서도 한인 게스트하우스를 추천한다.

첫째, 호텔이나 다른 곳보다 저렴하다.

둘째, 한국 사람이 운영하기에 다양한 정보를 얻을 수 있다.

셋째, 때론 타국에서 한식을 먹을 수도 있다. (별미로 생각한다면)

넷째, 카카오톡 아이디가 있어서 언제든지 물어볼 수 있다.

세계 최대의 숙박 공유 서비스인 '에어비앤비(Airbnb)'도 많이 이용 하지만 낯선 곳에서 위치를 찾아야 하기 때문에 십대들이 처음 이용하기에는 적합하지 않다.

해외여행의 경험이 많지 않은 사람들은 호텔 찾기도 쉽지 않다. 한인 게스트하우스는 길을 모르면 중간 중간 카톡으로 물어볼 수도 있고, 그 지역의 다양한 정보를 얻을 수 있다는 게 가장 큰 장점이다.

해외여행이 어느 정도 익숙해지고 스스로 숙소예약이 가능할 정도가 되면 다른 해외 게스트하우스나 에어비앤비로 예약해도 된다.

숙소 예약 시 반드시 체크해야 할 사항이 있다. 주변의 교통이 불편하면 여행에도 차질이 있을 수 있으니 조금 비싸더라도 지하철 역

주변이나 버스정류장 근처로 예약하는 게 좋다. 무조건 저렴하다고 해서 좋은 건 절대 아니다. 가격을 우선적으로 고려하지 말고, 대중교통의 접근성을 따져 보고 결정해야 이동이 쉽고 편리하다.

구글 맵 활용

길 찾기를 할 때는 구글 맵이 필수다. 우리나라보다 외국에서 더 활용도가 높은 애플리케이션이다. 일본에서 원하는 곳을 찍어놓고 길 찾기를 하면 지하철 몇 번을 타야 하고 어디서 환승해야 하는 것까지도 자세히 나온다. 원하는 식당이나 주변의 명소를 찾을 때도 길 찾기가 가능하고 지금 내가 어디에 있는지 위치 확인도 가능하다.

블라디보스토크 여행 중에 루스키 섬을 갔는데, 몇 년 전까지만 하더라도 군사 지역이라서 통제된 곳이라서 현지인도 길을 잘 몰랐다. 구글 맵을 보면서 산속 중간 길을 걸어갔다. 돌아오는 길에 허허벌판 같은 곳에 버스가 정차한다는 구글맵 정보를 보고 무작정 기다렸는데, 정말 버스가 정차하는 걸 보고 구글 맵의 위대함을 알았다. 해외 배낭여행에서는 구글 맵의 활용이 필수이다.

구글 번역기

"제가 영어를 잘 못하는데, 해외여행이 가능할까요?"

많은 사람들이 하는 질문이다. 실제로는 영어를 사용하지 않는 곳도 많다. 블라디보스토크에서는 사람들이 영어를 거의 할 줄 몰랐고,

베트남 사람들도 영어를 잘 몰랐다. 이럴 때 꼭 필요한 것이 구글 번역기이다.

구글 번역기는 일본어, 중국어, 영어, 베트남어, 러시아어 등 지구촌 수많은 나라의 언어가 탑재되어 있다.

새벽에 블라디보스토크에 도착해서 택시 기사랑 택시비를 흥정한 적이 있다. 언어가 통하지 않아서 구글 번역기의 도움을 받아 약 10분간의 대화 끝에 겨우 합의를 본적이 있었다. 러시아어라고는 겨우 인사말 정도만 알고 갔는데, 말도 통하지 않는 낯선 나라에서 택시비 흥정까지 했다니 놀랍지 않은가? 이것이 구글 번역기의 힘이다.

사전 준비

대략적인 하루의 일정을 시간대별로 짜 놓고 꼼꼼히 준비하자

수능을 끝내고 일본을 다녀온 두 조의 친구들이 있었다. 두 조 모두 똑같이 4박 5일의 일정이었다. 한 조는 유니버셜스튜디오와 오사카만 여행했고, 다른 한 조는 두 곳은 물론이고 고베, 나라, 교토까지 다녀왔다고 한다. 물론 두 조는 여행의 경험이 다를 수도 있지만 일정을 계획하고 준비하는 데 있어서도 많은 차이가 있었다. 숙소를 정한 것도 한 조는 오사카 한 곳만 정했고, 다른 한 조는 오사카와 교토에 각각 이틀씩 숙소를 정해놓고 이동하면서 동선에 맞게 일정을 짰다. 하루 일정도 오전과 오후로 나눠서 가 볼 곳을 정했다고 한다.

첫 해외여행이니 많은 욕심을 내지 않는 게 좋다고는 해도 오전,

오후 일정으로 크게 1~2개 정도를 정해놓고 대략 이동 시간을 계산해서 시간대별 일정을 미리 잡아 놓을 필요가 있다.

해외여행은 대부분 기간도 길고 비용도 많이 들어가기 때문에 알차게 여행할 필요가 있다. 그러려면 꼼꼼한 사전 준비가 필요하다.

친구들과 함께 간다면 2박 3일이든 4박 5일이든 날짜별로 대략 일정을 정해 놓으면 좋다. 계획된 일정대로 움직이다 보면 그만큼 시간 낭비도 적어진다.

여행에서 주의할 점

나와 함께 해외 배낭여행을 다녀 본 학생들 중에, 간혹 자신의 친구들과 가까운 곳으로 여행을 가게 됐다며 나에게 도움을 요청할 때가 있다. 그런데 막상 내가 세부적인 일정까지 꼼꼼하게 도와주더라도 그대로 실천에 옮기지 못할 때가 많다.

또 아이들끼리 계획해서 가 본다고 해도 서로 의견을 모으기가 쉽지 않고, 비용 부담 때문에 선뜻 떠나지 못하게도 된다.

만약에 친구들과 가까운 해외로 여행을 가려고 한다면, 우선 각자가 항공료만큼은 먼저 부담을 해서 항공권 예약부터 해두면 좋다. 그렇게 하면, 중간에 안 가겠다고 빠지는 일도 없고 진짜 함께 갈 사람들만 모였기 때문에 생각을 하나로 모으는 것도 쉬워진다. 항공권이 해결이 되면 구체적인 계획은 그 이후로 차근차근 세워서 여유 있게 여행을 준비할 수 있다.

한 달 정도의 긴 일정으로 유럽 배낭여행을 계획한다고 하자. 그것도 떠나는 시기는 학사 일정의 영향을 덜 받는 겨울 방학! 이 경우라면, 5개월 정도의 시간 여유를 두고 항공권부터 먼저 구입하고, 그 다음 매달 조금씩 나머지 일정을 준비해서 떠나면 좋다.

해외 배낭여행은 국내여행에 비해 여러 가지 부분에서 비용과 시간도 많이 들고 준비해야 할 것도 많다. 하지만 그동안의 경험이나 재능 모두를 발휘할 기회가 될 수도 있다. 리스크도 많은 것이 사실이지만 한번 잘 다녀오면 아이들이 훨씬 많이 성장하고 꿈이 커질 수 있다.

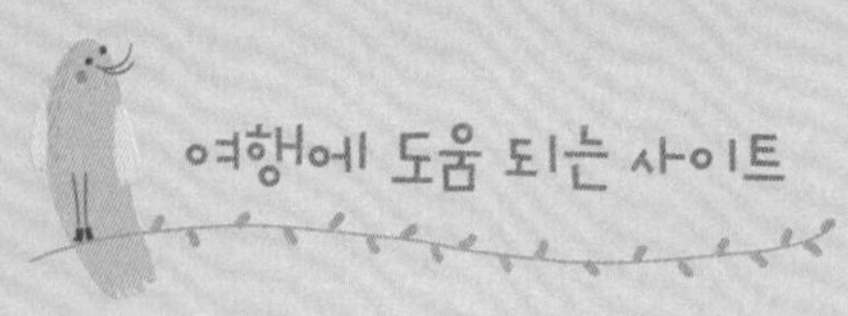

원모어트립 onemoretrip.net

서울시와 서울관광마케팅이 시작한 체험여행 플랫폼으로 영어와 중국어를 제공하며 케이팝 체험, 한국 가정식 만들기, 한옥에서 족욕 즐기기 등 다양한 서비스를 제공하고 있다.

마이리얼트립 www.myrealtrip.com

온라인 맞춤 서비스를 제공하는 것으로 한국인 해외여행객과 현지 한국인 가이드를 직접 연결시켜주고 현지의 입장권 예약도 가능하다.

여행에 미치다 www.facebook.com/travelholic1

대한민국 최대 여행 커뮤니티이며 여행 후기와 정보를 공유할 수 있다.

유럽 어디까지 가 봤니 www.facebook.com/eudiny2014

유럽여행에 필요한 여러 가지 정보를 공유할 수 있다.

국제학생증 www.isic.co.kr

박물관, 미술관, 여러 관람지에서 혜택을 볼 수 있는 국제학생증을 만들 수 있다.

한국인이 꼭 가봐야 할 한국 관광 100선 www.mustgo100.or.kr

한국관광공사가 추천하는 우리나라 여행 추천지 100곳

대한 민국 구석구석 korean.visitkorea.or.kr

한국관광공사가 운영하는 여행지와 숙박, 식당, 교통편 등 다양한 추천 장소와 정보가 있다.

대한민국의 걷기 여행 길 www.koreatrails.or.kr

차량 없이 걸어서 이동하는 다양한 여행지 정보가 있다.

지구촌 스마트 여행 www.smartoutbound.or.kr

한국관광공사에서 운영하는 해외여행 사이트다. 여행 준비부터 다양한 여행 정보가 가득하다.

여행정보센터 www.tourinfo.or.kr

사단법인 여행업협회에서 제공하는 국내여행정보 사이트다.